하루 한 권, 유기화합물

사이토 가쓰히로 지음　신재은 옮김

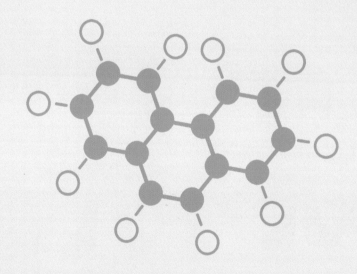

삶을 윤택하게 해 주는 우리 주변의 유기물 이야기

사이토 가쓰히로

1945년 5월 3일생. 1974년 일본 도호쿠대학 대학원 이학연구과 박사과정 수료. 현재 나고야시립대학 특임 교수, 아이치가쿠인대학 객원 교수, 긴죠가쿠인 객원 교수, 나고야공업대학 명예교수 등을 겸임. 이학 박사. 전문 분야는 유기화학, 물리화학, 광화학, 초분자화학이다. 저서로는 『マンガでわかる有機化学 가볍게 읽는 유기화학』, 『金属のふしぎ 금속의 신비』, 『レアメタルのふしぎ 희귀금속의 신비』, 『毒と薬のひみつ 모르면 독이 되는 독과 약의 비밀』, 『知っておきたい有害物質の疑問 100 유해물질 의문 100』, 『知っておきたいエネルギーの基礎知識 알고 싶은 에너지의 기초지식』, 『知っておきたい太陽電池の基礎知識 알고 싶은 태양 전지의 기초지식』〈サイエンス・アイ新書〉, 『하루 한 권, 주기율의 세계』, 『하루 한 권, 일상 속 화학 반응』, 『하루 한 권, 화학 열역학』〈드루〉 등이 있다.

등장 캐릭터 소개

화학부 후배: 이과생이 되고 싶은 신입생. 커플링 반응을 발견해서 자기 이름 붙이는 것이 꿈!

화학부 선배: 입시 준비를 하면서 유기화학에 빠져 있다. 꿈은 평범한 어른이 되는 것이다.

들어가며

유기화합물은 탄소를 포함한 화합물입니다. 탄소는 희한한 원소여서 개수 제한 없이 연속해서 연결할 수 있습니다. 고분자 유기물의 대표 격인 폴리에틸렌은 수천~수만 개의 탄소가 연결된 기다란 사슬 형태의 화합물입니다. 이러한 탄소 사슬은 길게 늘어날 뿐 아니라 가지가 갈라져서 고리형 구조를 만들고 이들이 연결되어 더욱 복잡한 구조체로 진화합니다. 그 결과 유기물 종류는 무한대라 할 수 있을 정도로 방대해지지요.

이러한 유기물 하나하나가 각각 다른 성질과 반응성을 지닙니다. 그러므로 유기물 전체의 성질과 반응성은 끝없이 넓어집니다. 화학에서는 이러한 분자의 성질 및 반응성 중 인간의 삶에 도움이 될 만한 것을 '기능'이라고 부릅니다.

기능 중 일부는 우리 일상생활과 밀접하게 연관되어 있으며 제품으로서 상품화되어 편의점 진열대에서 볼 수 있습니다. 대표적으로 접착제가 있지요. 감기약이나 상처 연고는 유기화합물의 기능 중 가장 중요한 요소를 제품화했다고 할 수 있습니다.

사무실 한편에는 복사기가 있을 텐데 이 또한 유기물 기능을 이용한 제품입니다. 이뿐 아니라 액정 TV의 액정도 유기물 기능 중 하나입니다. TV는 더욱 진화해 유기 발광 다이오드(OLED) TV까지 등장했습니다. 유기 발광 다이오드는 이름 그대로 유기물을 활용한 TV이며 유기물이 발광해 화상을 표시합니다.

이처럼 유기물의 기능은 현재 크게 넓어져 기존 인식과는 많이 달라졌습니다. 과거 유기물은 절연체로 인식되어 전기가 통할 것이라고는 생각조차 못 했습니다. 하지만 시라카와 히데키 교수가 노벨상을 받은 대목에서 알 수 있듯 일부 유기물은 금속처럼 전기가 잘 통하는 양도체가 될 수 있습니다. 이뿐 아니라 지금은 초전도성을 나타내는 유기물도 합성합니다. 더 나아가 자석에 붙는 유기물 또는 철에 붙는 유기 자석까지 개발되었습니다.

예전에는 자동차나 항공기를 철이나 두랄루민 등의 금속으로 만들어야 한다는 인식이 있었습니다. 그러나 지금은 금속보다 가벼우면서 금속보다 강한 유기물 재료 및 소재가 다양하게 개발되었습니다.

이처럼 유기물은 소재로서 금속의 역할까지 위협하고 있습니다. 거기다 여기서 그치지 않습니다. 최첨단 과학에 필수 불가결한 요소로 희소 금속이 종종 화제에 오르곤 하는데 희소 금속은 한국이나 일본에서는 산출되지 않아 수입해야만 하는 문제가 있습니다. 유기물은 이 희소 금속의 역할마저 대체하려 합니다. 유기 초전도체나 유기 자석은 이러한 경향을 나타내는 것이라 할 수 있습니다.

이렇듯 유기물의 기능은 무한대로 넓어지고 있습니다. 그리고 각각의 기능이 각종 제품으로 구체화해 우리 생활을 더욱 편리하고 풍요롭게 만듭니다.

유기물은 원래 생체를 만드는 화합물을 지칭하는 말입니다. 따라서 유기물과 생체는 떼려야 뗄 수 없는 관계입니다. 유기물 기능에는 생체와 관련한 부분이 많습니다. 콘택트렌즈나 틀니, 인공 장기, 대체 장기 등은 유기물의 독무대지요.

이 책에서는 이러한 유기물의 기능을 일상적인 기능부터 최첨단 과학에서 활약하는 기능까지 폭넓게, 그리고 쉽고 즐겁게 소개하고자 했습니다.

하나의 챕터마다 이야기가 완결되므로 어디서부터 읽기 시작해도 무방합니다. 페이지를 뒤적이다가 관심을 끄는 페이지부터 읽어보면 좋을 것입니다. 분명 점점 흥미로운 페이지를 발견하게 되어 이 책에서 떨어지지 않게 될 것이라 확신합니다.

마지막으로 일러스트레이터 다카야마 미카 님께 감사드립니다.

사이토 가쓰히로

일러두기

본 도서는 2011년 일본에서 출간된 사이토 가쓰히로의 『知っておきたい 有機化合物の働き』를 번역해 출간한 도서입니다. 내용 중 일부 한국 상황에 맞지 않는 것은 최대한 바꾸어 옮겼으나, 불가피한 경우 일본의 예시를 그대로 사용했습니다.

목차

제8장 생명을 유지하는 유기화합물

제9장 생체 기능을 보완하는 유기화합물

제10장 건강에 도움을 주는 유기화합물

환경에 도움을 주는 유기화합물

제1장

빛을 내는 유기화합물

유기물 중에는 빛을 내는 것이 많다. 경찰의 감식 방법으로 알려진 루미놀 반응은 유기물의 발광 현상을 이용한 것이다. 반딧불이나 평면해파리의 빛은 생물 발광으로 알려져 있는데 결국은 유기물이 빛을 내는 셈이다. 발광성 유기물은 유기 발광 다이오드(OLED)로서 차세대 TV의 주역이 되었다. 이러한 발광의 구조와 응용 사례에 대해 알아보자.

· 빛을 발하는 유기화합물

빛을 내는 성질을 가진 물질은 많다. 수은등도 반딧불이도 평면해파리도 빛을 낸다. 루미놀 반응은 빛을 내서 사건에 실마리를 제공한다.

1 발광

빛은 전파 등의 전자파와 동일하다. 따라서 에너지 E를 가지며 이는 **파장** λ(람다)에 반비례한다. 다음 페이지에 전자파와 파장의 관계를 그림으로 나타냈다.

파장이 400~800nm(나노미터)인 전자파가 빛이라 불리며 이보다 짧은 단파장(높은 에너지) 영역을 **자외선**, 긴 장파장(낮은 에너지) 영역은 **적외선**이라 부른다. 이 두 가지를 맨눈으로 확인할 수는 없다.

2 발광의 구조

유기물 **안트라센**에 눈에 보이지 않는 자외선(블랙라이트)을 비추면 푸르스름한 빛을 낸다. 이를 **형광**이라고 한다. 그렇다면 유기물은 어떻게 빛을 내는 것일까?

안트라센에 자외선을 비추면 안트라센은 에너지 ΔE를 받아서 높은 에너지 상태가 된다. 높은 에너지 상태를 일반적으로 **들뜬 상태**(여기 상태, excited state)라고 한다.

하지만 들뜬 상태는 불안정하므로 안트라센은 본래 낮은 에너지인 **바닥 상태**(기저 상태, ground state)로 돌아간다. 그리고 이때 여분의 에너지 ΔE가 방출된다. 이 ΔE가 빛으로 방출되는 현상이 **발광**이다. 계단으로 2층(들뜬 상태)까지 올라가고 다시 지상(바닥 상태)으로 뛰어내리는 모습을 상상하면 좋다. 자칫 잘못하면 다리가 부러질 수도 있는 이 에너지가 빛으로 만들어지는 현상이 발광 현상이다.

계단을 오르기 위한 에너지 ΔE에는 여러 가지가 있다. 안트라센의 경우 자외선이 그 에너지인데 수은등은 전기 에너지이며 반딧불이는 생체 에너지다.

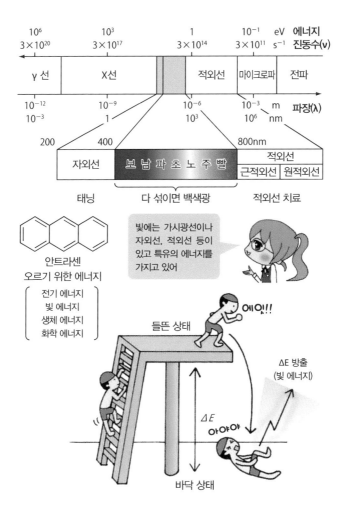

살인 현장을 알려주는 유기화합물: 루미놀 반응

범죄·추리 드라마에는 루미놀 반응이 자주 등장한다. 범행이 벌어졌을 가능성이 높은 공간에 경찰 감식반이 스프레이로 액체를 분사하고 빛을 차단하면 바닥에서 푸르스름한 빛이 나타난다. 그때 '**혈액 흔적입니다!**' 하고 감식반이 형사에게 보고하곤 한다.

1 루미놀 반응

루미놀은 시약 명칭이며 다음 페이지에 구조식을 그려냈다. 루미놀 용액은 루미놀과 소독 등에 활용하는 과산화수소 H_2O_2 수용액을 섞은 것이다. 두 가지를 섞으면 과산화수소에서 발생한 산소 O_2와 루미놀이 결합해 분자 AB로 변화한다.

AB는 불안정하므로 자동으로 분해되어 질소가스 $A(N_2)$와 분자 B가 된다. 이 A는 에너지적으로 안정적인 화합물이므로 발생할 때 여분 에너지 ΔE를 방출한다. 단 에너지는 사라지지 않으므로(에너지 보존의 법칙) 이 ΔE를 누군가가 흡수해야만 한다. 그 대상이 B다. B는 ΔE를 흡수해 높은 에너지인 들뜬 상태 $B*$로 변화한다.

앞 챕터에서 설명했듯, 이 들뜬 상태 $B*$가 낮은 에너지인 바닥 상태 B로 복귀(변화)할 때 여분 에너지 ΔE를 빛으로 방출한다. 이처럼 분자 AB가 분해되어 안정적인 분자 A를 방출하는 대신 다른 한쪽인 B가 들뜬 상태 $B*$가 되는 발광 원리는 화학 발광 및 생체 발광에서 종종 보이는 원리다.

2 혈흔의 증명

대신 이 반응에는 촉매가 필요하다. 바로 3가 철 이온 Fe^{3+}이다. 그리고 이 철 이온은 혈액 성분 중 하나이기도 하다. 혈액에는 헤모글로빈이라는 산소 운반 단백질이 있으며 그 속에 Fe^{3+}이 포함되어 있다. 따라서 루미놀이 빛을 낸다는 사실은 그곳에 Fe^{3+}이 존재함을 의미하며 결과적으로 혈액이 있음을 가리킨다.

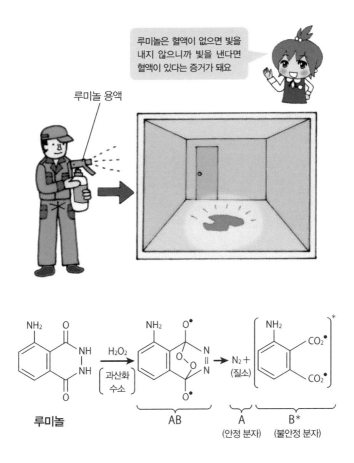

노벨상을 가져다준 유기화합물: 평면해파리

2008년 시모무라 오사무가 **노벨** 화학상을 받았다. 공적은 '녹색 형광 단백질(GFP) 발견 및 개발'이다. GFP는 **평면해파리**에 포함되어 있어 평면해파리가 갑자기 유명해지기도 했다.

① 평면해파리의 발광

평면해파리나 **반딧불이**처럼 생물이 발광하는 현상을 일반적으로 **생체발광**이라고 한다. GFP의 발광 원리는 2단계로 이루어진다. 먼저 에쿼린(aequorin)이라 불리는 발광 단백질이 푸른색으로 발광한다. 이 빛을 GFP가 흡수해 초록색 빛을 발한다.

GFP는 생체 단백질을 융합할 수 있어서 융합한 상태로도 발광한다. 따라서 생체 안의 표적 단백질에 결합하면 해당 단백질이 존재하는 부분이 빛을 낸다.

이는 더할 나위 없는 좋은 표식이다. 세포 및 생체를 파괴하지 않고 단백질이 현재 어디에 있는지 알 수 있다. 이러한 기능으로 GFP는 많은 바이오 의학 연구에 기여하고 있다.

② 반딧불이의 발광

반딧불이의 발광은 루시페린-루시페라아제 반응으로 불리며 발광 물질 ①루시페린이 ②산소 O_2와 ③효소 루시페라아제의 도움을 받아 발광한다.

먼저 루시페린이 산소와 반응해 중간체 AB가 된다. 단 이때 에너지가 필요하다. 이 에너지를 공급하는 물질이 생체 고유 에너지원인 ④ATP다. 인간을 포함한 모든 생물은 이 ATP 에너지를 사용한다. ATP는 생물계의 선물 같은 존재라 할 수 있다.

다음으로 이 AB가 분해되어 이산화탄소 CO_2가 발생하는데 이 CO_2가 앞 챕터의 낮은 에너지 물질 A에 해당한다. 따라서 나머지 B 부분이 에너지를 흡수해 들뜬 상태 B*가 되며 이것이 바닥 상태 B로 복귀할 때 발광하게 된다.

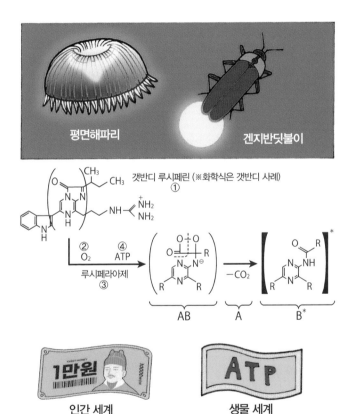

평면해파리   겐지반딧불이

갯반디 루시페린 (※화학식은 갯반디 사례) ①

② O_2 ④ ATP

루시페라아제 ③

AB   A   B*

인간 세계   생물 세계

빛을 내서 알려주는 유기화합물: 반딧불이 센서

앞 챕터에서 설명했듯이 **반딧불이**가 발광하기 위해서는 ①루시페린, ②산소, ③루시페라아제, ④ATP의 4가지 요소가 필요하다. 이 원리를 센서에 활용할 수 있다.

발광 센서는 감도가 예민하고 조작이 간단한데다 발광을 통해 결과를 맨눈으로 확인할 수 있는 등 많은 장점이 있다.

① 세균 유무 확인

조리도구가 세균으로 오염되어 있는지 빛을 내서 알려주는 유용한 활용 방법이다.

①루시페린, ③루시페라아제를 섞은 용액을 조리도구에 분사하고 공간을 어둡게 한다. ②산소는 어디에나 있으므로 발광에 필요한 요소는 ④ATP뿐이다. 만약 세균이 존재한다면 세균도 생물이므로 ATP를 가지고 있을 테니 그로 인해 발광하게 된다. 즉 발광하면 세균이 있다는 사실을 증명하는 셈이다.

② 균열 유무

가연성 가스를 넣은 강철 용기에 균열이 있으면 폭발의 원인이 될 수 있다. 이에 ①루시페린과 ④ATP를 섞은 용액을 탱크에 바른 후 완전히 닦아낸다. 만약 균열이 있다면 균열에 스민 용액은 남아 있을 것이다.

마지막으로 ③루시페라아제 용액을 분사하면 균열 부분만 빛이 나며 균열 여부를 알려주게 된다.

③ 진공 확인

　진공 용기 안에 ①루시페린, ③루시페라아제, ④ATP를 넣는다. 발광에 필요한 요소는 ②산소뿐이다.

　진공 용기에 균열이 있으면 내부에 공기가 들어가면서 산소도 들어가게 된다. 이렇게 발광 조건이 모두 갖춰져 발광이 일어나고 진공에 균열이 생겼음을 알려준다.

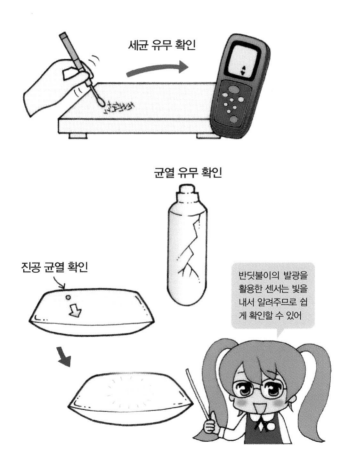

세균 유무 확인

균열 유무 확인

진공 균열 확인

반딧불이의 발광을 활용한 센서는 빛을 내서 알려주므로 쉽게 확인할 수 있어

벽면을 밝히는 유기화합물: 유기 발광 다이오드 조명

TV 디스플레이는 브라운관에서 평면을 거쳐 이제는 유기 **발광 다이오드** (OLED) TV로 넘어왔다. 유기 발광 다이오드는 빛을 내는 유기물을 뜻한다. 유기 발광 다이오드는 TV 외에도 다양한 방법으로 활용할 수 있다.

① 유기 발광 다이오드란?

유기 발광 다이오드는 Organic Light-Emitting Diode의 앞 글자를 따서 OLED라고 부른다. OLED란 유기물이 전기 에너지로 인해 빛을 내는 유기 물질이다.

앞에서 여러 발광 현상을 살펴봤는데 스스로 빛을 내는 물질인 루미놀이나 루시페린은 모두 유기물이다. 그렇다면 유기 분자가 빛을 낸다고 해도 놀랄 일은 아니다. 유기물은 본래 빛을 낼 수 있는 소질이 있다고도 할 수 있다.

또한 수은등의 경우 수은 원자가 전기 에너지를 흡수해 발광한다. 이 두 가지 사례를 합쳐보면 유기물이 전기 에너지를 통해 스스로 빛을 내는 현상을 떠올릴 수 있는데 이것이 바로 유기 발광 다이오드의 원리다.

② 유기 발광 다이오드 조명

다음 페이지에는 유기 발광체의 구성도를 그렸다. 유리를 주체로 한 **투명 전극**(ITO 전극, 음극)과 금속 전극 사이에 **발광 유기물**을 끼워 넣고 스위치를 켜면 유기물이 전기 에너지로 발광한다. 이 빛이 투명 전극을 통해 외부에 보이게 된다.

유기물은 어떠한 형태로든 만들 수 있지만 보통 필름형으로 만든다. 이렇게 하면 필름 전체가 빛을 내게 된다. 즉 최고의 면광원(面光源)이다.

우리는 여러 광원을 가지고 있지만 대부분은 점광원(点光源)이거나 형광등으로 대표되는 선광원(線光源)이다. 완전한 면광원은 없다. 면광원을 사용하면 벽, 천장, 바닥이 한꺼번에 빛을 내게 할 수 있다. 이 경우 그림자는 사라진다. 새로운 빛은 다양한 표현의 가능성을 열어줄 것이다.

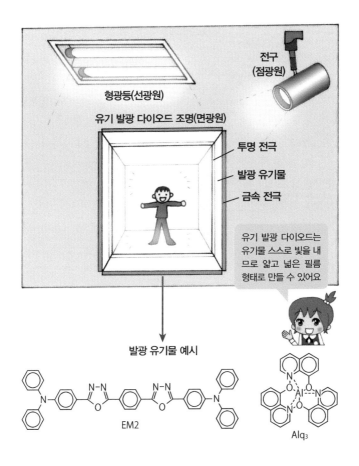

발광 유기물 예시

EM2

Alq₃

1-6 둥글게 말 수 있는 유기화합물: 유기 발광 다이오드 TV

브라운관 TV는 전자총으로 형광 물질에 전자를 조사해 빛을 내게 하고 플라스마 TV는 형광등처럼 기체를 발광시킨다. 액정 TV는 발광 패널의 빛을 액정 분자로 숨겨서 이미지를 표현한다. 이에 비해 유기 **발광 다이오드** (이하 OLED) TV는 유기물의 전기 발광 현상을 이용해 이미지를 표현한다.

① OLED TV의 구조

OLED TV는 OLED 발광 디바이스(소자)를 사용해 이미지를 표현하는 장치다. 화면을 가로세로 1,000개(10만 화소) 이상의 점으로 분할하고 각각의 점에 발광 소자를 설치한 후 발광 소자 하나하나에 전극을 장착해 독립적으로 제어하는 기술이라니 놀라울 따름이다.

하지만 이 소자의 구조와 발광 원리는 앞 챕터에서 설명했듯이 간단하고 단순하다. 화면을 흑백이 아닌 컬러로 송출하기 위해서는 각각의 소자를 3개로 나눠 빨강·파랑·초록의 3원색으로 빛이 나도록 한다. 그리고 각각의 광량을 조절함으로써 임의의 색상으로 발색하면 된다.

② OLED TV의 장점

OLED TV의 장점은 많다. 발광체가 유기물이므로 유기 색소를 사용하면 어떤 색으로든 발광할 수 있다. 색의 3원색도 컬러 필터를 사용하지 않고 자체 발광만으로 발색할 수 있다.

발광체가 유기물이므로 마치 페인트처럼 얇고 가볍게 만들 수 있다. 또한 전극에 전도성 고분자를 사용하면 유연성이 늘어나 사용하지 않을 때는 롤스크린처럼 말아서 수납할 수도 있다.

그뿐 아니라 대화면 화도 가능해서 앞 챕터의 벽면 조명처럼 벽이나 천장, 바닥에 디스플레이를 설치해 산호초 사이를 유영하는 기분을 느낄 수도 있다. 전투용 차량에 바르면 주변 환경에 맞춰 색상과 무늬를 변화시킬 수 있는 최고의 위장 색이 될 수 있으며 전투복에 적용하는 것도 가능하다.

롤스크린 형태의
OLED TV

OLED 위장복?

OLED TV는 롤 방식
수납이나 벽면 전체
설치 등이 가능해요

· 전자 복사를 가능하게 하는 유기화합물

현대 생활에서 중요한 역할을 맡고 있는 전자 복사는 1938년에 미국인 발명가 체스터 칼슨(Chester Carlson)이 개발했으며 특허는 제록스(Xerox)사가 취득했다. 전자 복사는 광학계와 정전기를 이용해 복사를 수행하는 장치다. 전자 복사의 심장부에는 유기물인 '유기 반도체' 기능이 사용되었다.

① 전자 복사의 구조

전자 복사는 여러 기능이 조합되어 있는데 기본적으로는 다음 6단계로 나누어 볼 수 있다.

❶ 반도체로 만들어진 음(-)의 정전기를 띤 플레이트(드럼) 위에 원고가 좌우 반전되도록 투영한다.

❷ 글씨가 없는 흰 부분에 빛이 닿으면 정전기는 소실되어 플레이트 위에 좌우 반전된 정전 잠상(Electrostatic latent image)이 발생한다.

❸ 양(+)의 정전기로 대전[1]된 검정 색소(토너)를 대전 부분(글씨)에 흡착시킨다.

❹ 토너 위에 종이를 올리고 토너를 눌러 붙인 후 플레이트에서 떼어낸다.

❺ 종이를 가열해 토너를 정착시킨다.

❻ 플레이트의 정전기를 소실시켜 다시 음극으로 대전시킨다.

원리는 위와 같이 단순하다. 이다음은 플레이트를 둥글게 말아 드럼으로 만들어서 연속 복사가 가능하게 개량하는 일만 남았다.

② 재료

a 드럼(플레이트): 예전에는 희소 금속인 셀렌(Se) 등의 무기 반도체를

---

1 어떤 물체에 전기가 띠는 현상

사용했지만, 현재는 유기 반도체도 사용한다. 빛이 닿지 않을 때는 절연체이지만 빛이 닿은 부분만 도체가 되며 전하를 잃게 된다.

b 토너: 플라스틱 미립자에 탄소 등의 색소를 흡착시킨 것. 플라스틱은 ⑤단계에서 가열되어 녹아, 색소가 종이에 정착하는 과정을 돕는다.

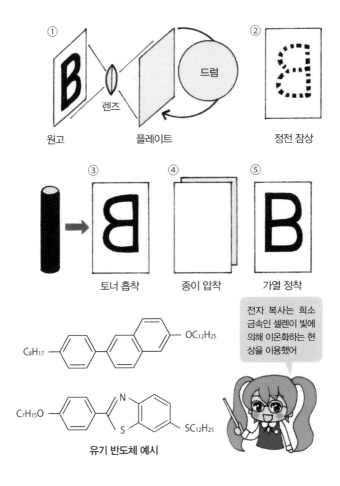

① 원고 렌즈 플레이트 드럼

② 정전 잠상

③ 토너 흡착

④ 종이 압착

⑤ 가열 정착

유기 반도체 예시

전자 복사는 희소 금속인 셀렌이 빛에 의해 이온화하는 현상을 이용했어

1-8 사진 촬영과 현상을 가능하게 한 유기화합물

브롬화은($AgBr$)에 빛이 닿으면 은 이온 Ag^+이 환원되어 금속 은 Ag이 된다. 필름식 사진은 이 현상을 이용해 이미지를 기록하는 시스템이다. 촬영 과정은 ①노광, ②현상, ③정착, ④인화의 4단계로 구분할 수 있다. 여기서도 유기물 기능이 활약한다.

1 노광

유기물인 투명 플라스틱으로 만들어진 필름에 브롬화은($AgBr$, $Ag^+ + Br^-$)을 바른다. 이 필름에 렌즈를 통과한 빛을 비추면 빛이 닿은 부분의 브롬화은이 환원되어 은 이온 Ag^+이 금속 은 Ag이 된다. 즉 필름 면에 금속 은으로 된 상이 생기게 된다. 이를 **잠상**이라고 한다.

2 현상

노광 과정으로 만들어진 금속 은의 양은 극미량이며 잠상은 눈에 보이지 않는다. 따라서 금속 은의 양을 늘려야 한다. 이 작업이 **현상**이고 이때 현상액이 필요하다.

현상 작업 시에는 메틸아미노페놀(상품명 메톨)이나 페니돈, 하이드로퀴논 등 유기계 환원제를 사용한다. 사진은 유기물의 도움을 받아 이루어지는 것이다.

3 정착

감광(感光)하지 않은 브롬화은은 제거해야 한다. 다만 브롬화은은 물에 녹지 않는데 브롬화은을 녹이는 작업이 정착이다. 이때 필요한 용액이 정착액으로 주로 싸이오황산염을 사용한다.

④ 인화

정착 과정으로 필름 면에 나타난 이미지는 빛이 닿은 부분에 은이 남아 검게 된 이미지, 즉 흑백이 반대로 된 이미지(음화)이다. 이를 반전시켜 양화로 만드는 과정이 인화이다. 원리적으로는 음화를 필름에 대고 감광한 후 앞의 1~3 과정을 수행하면 된다.

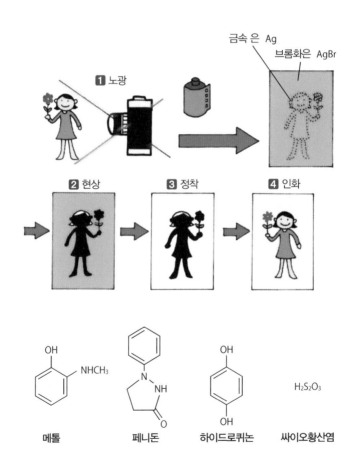

ATP

생물계에서 에너지를 보존하고 필요할 때 그 에너지를 방출하는 존재가 ATP(아데노신삼인산)이다. 생물은 광합성이나 대사(화학적으로는 산화 반응의 일종)를 통해 에너지를 생산해서 이를 ATP로 저장한 후 운동 등을 수행하기 위해 에너지가 필요할 때는 ATP를 분해해서 사용한다.

ATP의 구조는 고리형 당(아데노신)에 3개의 인산이 결합한 형태다. 에너지를 방출할 때는 ATP가 인산 1개를 방출해서 ADP(아데노신이인산)가 된다. 반대로 에너지를 저장할 때는 ADP에 인산이 결합해 ATP로 돌아간다. 이처럼 ADP와 ATP를 왕복하면서 에너지가 입출력된다.

ATP는 세균부터 인간에 이르는 모든 생물에 공통된 에너지 저장물질이다. 그런 의미에서 생물 공통 화폐 같은 의미를 지닌다고도 할 수 있다. 헤모글로빈과 클로로필의 유사성에서도 느꼈지만 어쩌면 조물주는 생물을 창조할 때 조립식 건축처럼 공통 부품을 조합해 만들었는지도 모른다. (신성 모독의 의도는 없습니다.)

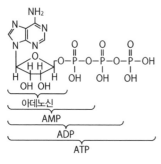

제2장

색을 내는 유기화합물

눈에 보이는 대부분의 물체는 색채를 가진다. 색채는 두 가지로 나눌 수 있다. 먼저 네온사인처럼 스스로 빛을 내어 색채를 내는 물질이다. 그리고 장미처럼 스스로 빛을 내지는 않지만, 색채를 가지고 있는 것도 있다. 그렇다면 장미가 붉게 보이는 이유는 무엇일까? 이는 빛을 흡수하기 때문이다. 과연 빛을 흡수해서 발색하는 원리는 어떤 것일까?

2-1 · 발색하는 유기화합물

형형색색 불꽃축제의 불꽃이 여름 하늘을 장식한다. 알록달록한 코스모스는 가을 들판을 물들이지만 밤에는 빛깔을 찾아볼 수 없다.

① 빛과 색채

불꽃이 형형색색인 이유는 형형색색의 빛을 내기 때문이다. 하지만 코스모스는 빛을 내지 않는다. 따라서 밤에는 색이 보이지 않는다. 그렇다면 코스모스는 어떻게 알록달록한 색을 낼까?

색은 차치하고 코스모스가 우리 눈에 보이는 이유는 코스모스가 빛을 반사하기 때문이다. 그 반사광이 우리 눈에 들어오는 것이다. 그러나 똑같이 반사하는 거울은 색깔이 없다. 바깥쪽의 색을 비출 뿐이다.

코스모스는 색깔이 있고 거울은 색깔이 없는 이유는 거울은 모든 빛을 반사하지만 코스모스는 몇 가지 빛만 반사하기 때문이다. 반사하지 않은 빛은 코스모스에 흡수된다.

② 광 흡수와 색채

코스모스의 색채는 코스모스에 포함된 유기물로 인해 발색 된다. 일반적으로 이 유기물을 유기 색소라고 한다. 코스모스의 색채는 유기 색소가 빛을 흡수한 결과로 나타난 색이다. 1-1(p.12)에서 살펴봤듯이 빛은 무지개 7색이 섞이면 무색의 백광색이 된다. 그렇다면 7색에서 1색을 빼고 6색의 빛을 섞으면 무슨 색으로 보일까? 바로 이것이 코스모스의 색채의 원리다.

다음 페이지에 그려진 원은 색상환으로 빛의 색깔 관계를 표현했다. 이 원에 있는 색깔 A와 원의 중심을 기준으로 반대편에 있는 색깔 B를 보색이라고 한다. 마찬가지로 A는 B의 보색이기도 하다.

임의의 색깔 A와 그 보색은 백광색에서 A를 뺀 나머지 색이 B가 되는 관계에 있다. 따라서 빨강이나 분홍으로 보이는 코스모스는 코스모스에 포함된 유기 색소가 청록빛을 흡수한 결과이며 청록색 잎은 유기 색소가 빨간 빛을 흡수한 결과이다.

이렇듯 불꽃은 빛을 방출해 색채를 표현하지만, 유기 색소는 빛을 흡수함으로써 색채를 표현한다.

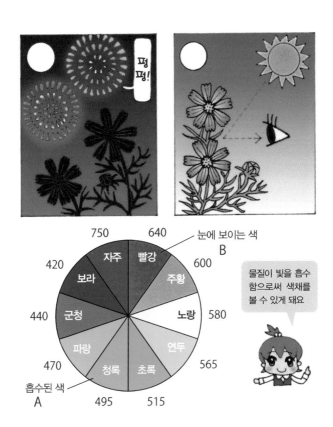

유기화학의 예술품: 아크릴 물감

인공적으로 만들어진 물질 중 색채를 가진 대표적인 하나는 그림을 그리기 위한 물감이다. 물감은 안료와 색채를 고착시키는 고착제로 구성되어 있다.

① 물감의 고착제

우선 유화 물감부터 살펴보자. 유화 물감은 고착제로 식물성 기름을 사용한다. 지방산은 이중 결합을 가지고 있어 공기 중에서 산화되어 고체로 변화하는데 이 성질을 이용했다.

하지만 유화 물감의 역사는 오래되지 않았다. 르네상스 시대 보티첼리는 기름이 아니라 달걀노른자, 즉 단백질을 고착제로 사용했다. 이렇게 그린 그림이 템페라 화다. 수채화 물감은 아라비아고무를 고착제로 사용한다. 동양화는 아교를 사용하므로 템페라와 마찬가지로 단백질을 고착제로 사용하는 셈이다.

고착제를 사용하지 않는 방법도 있다. 미켈란젤로의 시스티나 성당 벽화 등은 프레스코 기법으로 그려졌다. 회반죽을 벽에 바른 후 회반죽이 마르기 전에 물로 갠 안료를 발라 벽에 흡착시키는 기법이다.

② 아크릴 물감

그러나 화가들은 고착제에 대한 고민이 많았던 것으로 보인다. 안료의 아름다움을 살리기 위해서는 고착제를 사용하지 않는 프레스코 기법이 가장 좋겠지만 회반죽 벽이 마르기 전에 채색해야 한다는 커다란 제약이 존재한다.

여기서 등장한 물감이 **아크릴 물감**이다. 아크릴 물감은 안료를 투명한 플라스틱이자 유기물인 아크릴 수지로 고착시킨 물감이다. 아크릴 수지 미립자를 물에 분산시킨 용액(에멀션)을 만들고 이를 안료와 섞어 물감으로 만든다. 건조하면 단단한 고체가 되며 온도와 습도 변화에 강하고 캔버스뿐 아니라 유리, 금속 등 소재를 가리지 않는 데다가 안료 색채 그대로 고착할 수 있는 현대 유기화학이 낳은 물감이다.

「최후의 만찬」(레오나르도 다 빈치)
이 그림은 벽에 템페라 기법으로 그리는 변칙적인 방법으로 그려졌다. 이 때문에 다 빈치가 살아 있을 때부터 이미 물감 박리가 발생하는 등 기법적으로는 실패작이라고 알려져 있다.

아크릴 그림의 예시
ⓒ3d world-Fotolia.com

$$MH_2C{=}C{<}^{CH_3}_{CO_2CH_3} \longrightarrow H{-}{(}H_2O{-}\underset{CO_2CH_3}{\overset{CH_3}{C}}{-}{)}_n H$$

메타크릴산메틸   폴리메타크릴산메틸
(아크릴 수지)

염색에 사용하는 유기화합물: 남염의 비밀

물감과 함께 색채를 표현하는 주된 방법의 하나가 염색이다. 염색은 천에 색을 입히는 기법으로 긴 역사를 가진다.

① 염색의 조건

염료는 천에 색을 입히는 기능뿐 아니라 한번 입힌 색이 세탁 등으로 사라지지 않는 견고함이 필요하다. 색이 빠지지 않게 하려면 염료가 천 섬유에 화학 결합하거나 염료가 물에 녹지 않는 성질을 가지거나 해야 한다.

남염(藍染, 쪽 염색)은 섬유 사이에 스민 염료가 물에 녹지 않게 됨으로써 고착성을 획득한 염료이며 이러한 염색법을 건염(建染)이라 한다. 하지만 물에 녹지 않아서는 염색할 수도 없다. 남염은 이 점을 기발한 방법으로 해결했다.

② 남염 기법

남염의 재료는 식물 '쪽 풀(藍, 남)'에서 채취한다. 쪽 풀에서 채취한 물질은 인디칸이라는 성분으로 여기에는 글루코스(포도당)가 결합해 있어서 색채가 없기에 염료로 사용할 수 없다. 이처럼 당이 결합한 성분은 자연계에는 다수 존재하며 일반적으로 배당체라고 부른다.

인디칸을 효소 처리하면 글루코스가 분리되어 인독실이 된다. 그러나 인독실도 무색이다. 그런데 인독실이 산소와 만나 산화해 2개 분자가 결합(이중화)하게 되면 아름다운 푸른빛을 띤 염료 인디고가 된다. 다만 인디고는 물에 녹지 않아 염색할 수가 없다.

여기서 다시 효소로 환원해 수용성 로이코(Leuco) 형 인디고로 만든다. 이를 사용해서 염색한다. 그리고 로이코 형 인디고를 충분히 흡수시킨 후 염료 용액에서 꺼내 공기와 접촉하면 산화가 일어나 아름다운 인디고가 다시 나타난다.

현대 화학이라면 이렇게 몇 줄의 설명과 화학식으로 풀 수 있지만, 과거 사람들은 원리를 모른 채 경험과 감에 의지해 이러한 복잡한 작업을 수행했었으니 감탄할 따름이다.

2-4 염색에 사용하는 유기화합물: 진흙 염색

최근 들어 주변 식물을 활용한 천연 염색을 취미로 삼는 사람들이 많아졌다. 천연 염색은 작업 후반부에 천을 명반액(明礬液)에 담가 두는 절차가 추가된다. 그 이유는 무엇일까?

① 매염법

앞 챕터에서 염료가 빠지지 않도록 하기 위해서는 염료를 섬유에 화학 결합해야 한다고 설명했는데 금속을 매개체로 삼아 결합하는 방법이 있다. 이 방법을 매염법이라고 한다.

천연 염색의 경우 다양한 식물을 물에 삶아서 수용성 색소를 추출한다. 그다음에 그 용액에 천을 담가 색소를 흡수시킨다. 하지만 색소는 수용성이므로 물에 빨면 색소는 물에 녹아버린다.

이때 필요한 것이 명반이다. 명반의 화학식은 $KAl(SO_4)_2$로 알루미늄(Al)이 포함되어 있다. 이 알루미늄(이온)이 색소와 섬유를 결합해 색이 빠지지 않게 해준다.

② 진흙 염색

일본의 전통적 염색법에도 위 매염법을 이용한 방식이 있다. 아마미오시마의 전통 공예로 유명한 오시마 명주도 그중 하나다. 장미과인 다정큼나무의 가지를 삶아낸 염료 용액에 명주(견직물) 천을 담근 후 천을 밭으로 가져가 진흙 속에 담가 둔다. 그러면 진흙 속의 철 이온이 섬유와 색소를 결합한다.

고급품의 경우 염색을 20회 반복한 후 진흙 염색을 한 번 진행하는 과정을 4번 반복한다. 천이 약하면 염색 공정 중 찢어질 법도 한데 이 과정을 견

며내고 깊은 정취를 자아내는 것만이 오시마 명주의 '칭호'를 얻을 수 있다.

하치조지마에는 기하치조라는 검은색과 노란색이 격자무늬를 이루는 전통 문양이 있는데 이 무늬의 검은색 부분은 진흙 염색으로 만든다. 사용하는 식물은 모밀잣밤나무의 껍질이다. 또한 노란색 부분은 조개풀이라는 식물에서 채취한 염료를, 참죽나무를 태워서 나온 재를 우려낸 잿물에 담가서 마찬가지로 매염한다.

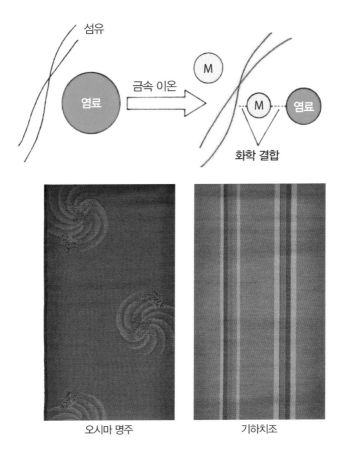

오시마 명주   기하치조

염료는 식물에서만 채취하지 않는다. 곤충이나 조개에게서도 얻을 수 있다.

① 곤충에서 채취하는 염료(빨강)

곤충에서 채취하는 염료 중 유명한 물질로는 붉은 코치닐 색소가 있다. 이는 중남미에 서식하는 깍지벌레 상과의 일종인 연지벌레를 건조한 후 물이나 에탄올로 추출 및 정제해서 얻는 붉은 색 염료다. 르네상스 시대부터 양모 염료로서 귀중하게 다뤄졌다고 한다. 의복의 염료뿐 아니라 천연 식품 염료로써도 사용된다. 분자 구조는 다음 페이지에 기재했다.

② 티리언 퍼플(보라)

조개에서 채취하는 염료의 대표 격으로는 **티리언 퍼플**이라는 보라색 염료가 있다. 이는 조개의 아가미 샘에서 채취하는 염료로 한 개의 조개에서 채취할 수 있는 양이 소량이라 옷 한 벌을 염색하기 위해서는 다량의 조개가 필요해 굉장히 값이 비쌌다. 결과적으로 고대 로마 황제만이 가질 수 있는 특별한 색이었다. 분자 구조는 **다음 페이지**에 기재했으며 인디고에 2개의 브롬 Br이 결합한 형태이다.

티리언 퍼플은 조개류에 폭넓게 포함되어 있다. 이와 관련해 예전에 흥미로운 뉴스를 들은 적이 있다. 해안가에 공방을 차린 한 염색 공예가가 비교적 대량으로 티리언 퍼플을 채취하는 방법을 발견했다는 내용이었다.

공예가가 발견한 방법은 조개가 아니라 바로 앞 바다에 사는 군소였다. 분명 군소는 조개의 친척뻘이며 연체 부분은 다른 조개와 비교가 안 될 정도로 커다랗다. 채취하는 방법은 기발하다. 바다에서 군소를 잡아 와 준비해 둔 넓은 쟁반에 집어 던진다. 그러면 군소는 놀라서 티리언 퍼플을 뱉어 낸다. 이를 모아서 염료로 삼는 것이다.

군소는 튼튼해서 이 정도로는 죽지 않기 때문에 더한 고난을 겪게 된다. 티리언 퍼플을 뱉어낸 군소를 다시 바다에 집어넣는다. 그러면 2~3개월 후에는 다시 건강해지므로 다시 잡아 와서 군소를 집어 던지고 뱉어내기를 반복한다. 매우 잔인한 일이다. 인간이 하는 일의 이면에는 다른 생물의 희생이 따른다는 사례라고 할 수 있다.

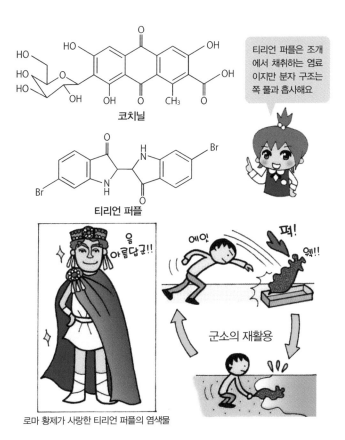

코치닐

티리언 퍼플은 조개에서 채취하는 염료이지만 분자 구조는 쪽 풀과 흡사해요

티리언 퍼플

아름답군!!

에잇

퍽!

왝!!

군소의 재활용

로마 황제가 사랑한 티리언 퍼플의 염색물

하얀색을 되찾아 주는 유기화합물: 표백제

새하얗던 셔츠도 여러 번 입고 세탁을 반복하다 보면 점점 누렇게 되기 마련이다. 이를 본래 하얀색으로 되돌려주는 작업이 **표백**이다.

① 색채와 이중 결합

유기 분자는 이중 결합 여러 개가 연속적으로 이어지는 부분 구조를 가지기도 한다. 이를 공액 **이중 결합**(켤레 이중 결합)이라고 한다. 분자의 색채는 공액 이중 결합의 길이와 밀접하게 관련한다. 즉 공액계가 길면 색이 나타나고 짧으면 색이 사라진다.

토마토나 당근의 색소로 유명한 카로틴은 다음 페이지에 기재한 구조식처럼 좌우대칭 구조이며 11개의 이중 결합이 연속된 공액 이중 결합을 가진다. 그리고 붉은색을 띤다.

이 결합의 중앙부를 자르면 비타민A가 되고 분자 1개의 이중 결합은 5개로 감소한다. 비타민A는 무색이다.

② 표백

표백의 과정도 위와 비슷하다. 셔츠를 누렇게 만드는 오염은 이중 결합 여러 개가 이어진 유기물이다. 따라서 이 이중 결합을 단결합으로 바꿔주면 공액계는 짧아지면서 색은 사라지게 된다.

이중 결합을 단결합으로 만드는 방법으로는 **산화와 환원**이 있다. 산화 표백은 이중 결합에 산소가 결합하고 환원 표백은 이중 결합에 수소가 결합해 단결합으로 변화한다. 표백제에 산화 표백제와 환원 표백제가 있는 이유이다.

산화 표백제는 과산화수소나 차아염소산나트륨을 사용한다. 둘 다 분해하면서 산소 O_2를 발생시킨다. 환원 표백제는 이산화싸이오요소를 사용하며 2단계로 분해해 수소 H_2를 발생시킨다.

표백제에는 격렬한 화학 반응을 일으키는 물질이 포함되어 있으므로 다른 세제나 약품과 함께 사용해서는 안 된다. 예상치 못한 반응이 일어나 의도하지 않게 독극물을 발생시킬 가능성이 있다.

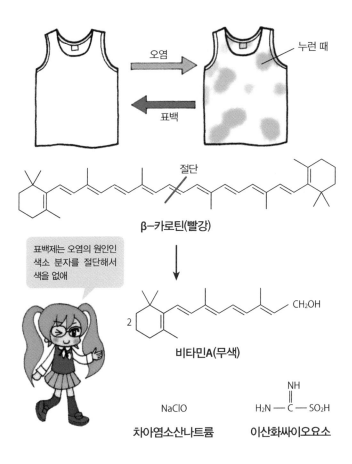

오염

누런 때

표백

절단

β-카로틴(빨강)

표백제는 오염의 원인인 색소 분자를 절단해서 색을 없애

CH_2OH

비타민A(무색)

NaClO

차아염소산나트륨

$$\underset{H_2N}{} - \overset{NH}{\underset{}{C}} - SO_2H$$

이산화싸이오요소

하얗게 빛나는 유기화합물: 형광 염료

표백은 세탁으로 지워지지 않는 누런 색을 없애주지만 완전하게 없애지는 못한다. 이럴 때 위력을 발휘하는 물질이 **형광 염료**다.

① 형광 염료

표백으로는 누런 색을 완벽하게 지우지 못하며 어느 정도는 남게 된다. 예전에는 이 누런 색을 없애기 위해 옅은 파란색으로 염색하기도 했다고 한다. 하지만 색감이 어둡고 탁해, 만족스럽다고는 할 수 없었던 모양이다.

이때 등장한 것이 형광 염료다. 1929년에 마로니에 나무의 껍질에서 에스쿨린이라는 물질을 발견했다. 이 물질은 형광 물질(발광 물질)이며 빛을 조사하면 푸르스름하게 빛난다. 이 물질로 오염된 천을 염색한 결과 오염된 누런 색의 보색인 형광 푸른색으로 덮이면서 빛나는 하얀색으로 변화했다.

그 이후 의류는 물론이거니와 종이나 식품에까지 형광 염료가 사용된 시기가 있었지만, 현재는 식품 및 식품과 접촉하는 포장재, 의류 용품 등에 대한 사용은 금지되었다.

② 형광의 구조

형광은 발광 현상의 하나이므로 기본적으로는 1-1(p.12)에서 설명한 에너지 관계에 따라 그 구조를 설명할 수 있다. 즉 형광 물질이 빛 에너지 ΔE_1을 흡수해 들뜬 상태가 되며 들뜬 상태에서 복귀할 때 여분 에너지 ΔE_2를 방출하는데 이 에너지가 빛으로 나타나는 것이 형광이다.

1-1에서는 간단하게 설명하기 위해 $\Delta E_1 = \Delta E_2$라고 설명했지만 사실 두 에너지는 같지 않다. 이러한 에너지 변화에는 반드시 에너지 손실이 발생하므로 $\Delta E_1 > \Delta E_2$, 즉 형광 에너지는 흡수한 빛 에너지보다 작아진다. 파장으

로 설명하면 형광의 파장은 흡수광의 파장보다 길어진다. 따라서 형광 염료는 약 350nm의 자외선(무색)을 흡수해서 약 420nm(파란색)의 가시광을 방출하게 된다.

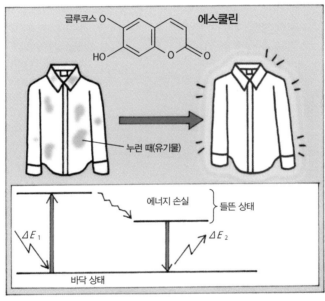

형광 염료는 태양광을 흡수해서 푸르스름한 빛을 발색해 의류의 누런 때를 가려줘

· 모발을 염색하는 유기화합물

예전에는 '흑단 같은 머리'라고 했었는데 요즘 모발 색은 금색, 빨간색, 초록색, 보라색 등 무지갯빛보다 화려해졌다. 이는 모발을 염색하는 문화가 일반화되었기 때문이다.

염모는 영어로는 **헤어 컬러링**으로 모발을 염색하는 행위를 뜻하는데 한 번 염색하면 되돌리기가 어려워 겉에 착색만 하는 때도 있다. 이를 **헤어 매니큐어**라고 한다. 또한 원하는 색을 확실하게 입히기 위해서는 본래 모발의 색을 제거해야 하는데 이를 탈색(블리치)이라고 한다.

① 탈색

모발에는 멜라닌 색소가 존재한다. 탈색은 이 색소를 분해해서 제거하는 행위다. 일반적으로 과산화수소 H_2O_2를 주성분으로 하는 탈색제로 산화 표백을 하는데 탈색을 더욱 강력하게 하고자 하는 경우는 산화 보조제로 과황산 H_2SO_5을 사용하기도 한다.

② 컬러링

염모에 사용하는 약제를 염모제라고 한다. 염모제의 주성분은 **p-페닐렌다이아민**으로 사용 농도에 따라 빨간색부터 검은색까지 발색한다. 산화되어 발색하기 때문에 염모 시에는 산화제인 과산화수소와 섞어서 진행한다. 따라서 이 방법으로 염모를 하면 결과적으로 탈색과 염모가 동시에 진행되는 셈이 되어 선명한 색상으로 염색된다.

염모제에도 여러 종류가 있는데 p-페닐렌다이아민 유도체만 살펴봐도 파라, 메타, 오르토의 3종류가 있으며 각각 색채가 다르다. 금발(블론드)로 염색할 때는 오르토 페닐렌다이아민에 **나이트로기** NO_2를 혼합한 염모제를 사용한다.

③ 매니큐어

헤어 매니큐어는 모발에 일시적으로 색깔을 입히는 시술로 염모제와 구분하기 위해 염모료라고 부른다. 모발을 염색하는 힘은 없으므로 샴푸로 머리를 감으면 색이 빠지지만, 모발 손상은 줄일 수 있다.

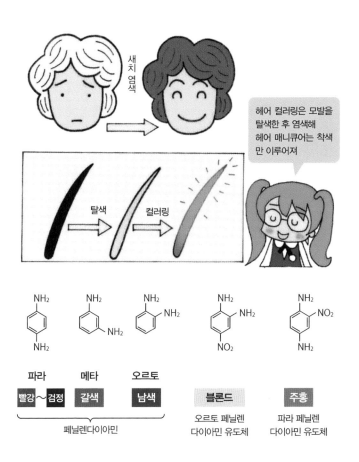

홍화

홍화 색소는 일본을 대표하는 색소이다. 홍화 색소는 홍화꽃에서 추출하는 염료이며 의류 염색부터 립스틱까지 여성을 꾸미기 위한 다양한 제품에 사용되어왔다.

홍화는 엉겅퀴 과이다 보니 잎에는 뾰족한 가시가 있어 홍화를 꺾는 소녀의 손에는 피가 맺혔다고 한다.

홍화를 한자로 쓰면 '紅花'로 붉을 홍이 들어 있지만 꽃의 색깔은 노란색이다. 홍화는 붉고 물에 녹지 않는 색소인 **카르타민**과 노랗고 물이 녹는 색소인 **사플로 옐로우**를 함께 가지고 있으나 99%는 황색 색소이기 때문이다. 따라서 홍화를 여러 차례 물에 담그면 물에 녹지 않는 카르타민만 남게된다.

카르타민의 구조를 밝힌 사람은 일본 최초의 여성 이학 박사인 도호쿠 제국대학의 구로다 치카였다. 이는 1930년의 일이었는데 반세기가 지난 1985년에 구로다의 구조가 틀렸다는 사실이 밝혀졌다. 하지만 두 구조를 비교해 보면 상당히 유사하다는 사실을 금세 알 수 있다. 구로다의 구조를 2개 연결하면 올바른 구조가 된다. 1930년대는 현대 분석 기기 등도 없던 시절이다. 그런 환경에서 정답에 가까운 구조를 제시했다는 것만으로 대단하다고 할 수 있다.

카르타민의
올바른 구조

구로다의 구조

제3장

에너지를 만드는 유기화합물

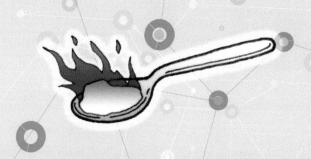

현대 사회는 에너지 위에 성립되어 있다. 이 에너지의 상당 부분은 연소를 통한 반응 에너지로 공급한다. 그리고 이 연료는 대부분 화석 연료이다. 화석 연료의 종류에는 무엇이 있고 어떠한 문제를 가지고 있을까? 또한 차세대 에너지원으로 주목받는 연료전지나 태양광 전지는 무엇일까?

화석 연료와 에너지: 기원은 유기 혹은 무기?

현대 문명은 에너지 위에 성립되어 있다. 에너지는 열, 전기, 원자력, 풍력 등 다양하게 존재한다. 그중 유기물이 관여하는 에너지는 연소에 의한 열에너지다. 그리고 이 열에너지를 만들기 위해서는 연료가 필요한데 현대 사회를 지탱하는 연료는 누가 뭐래도 **화석 연료**이다.

① 화석 연료

화석 연료에는 다양한 종류가 있지만 대표적으로 석탄, 석유, 천연가스의 3가지를 들 수 있다. 최근 주목받는 연료로는 메테인 수화물, 오일 셰일, 오일 샌드 등이 있다.

화석 연료는 이름 그대로 고대 생물의 사체가 땅속에 묻혀서 분해 · 탄화된 결과물인 화석을 사용한다. 이를 **생물 기원설**이라고 한다. 하지만 이 이론에 이의를 제기하는 주장도 존재한다. 석탄은 둘째 치고 석유나 천연가스는 반드시 생물 기원이 아니라는 주장이다.

탄소 C와 칼슘 Ca이 반응하면 카바이드 CaC_2라는 무기물이 생성된다. 이것이 물과 반응하면 **아세틸렌** C_2H_2이라는 가스가 발생하며 불을 붙이면 고온을 낸다. 석유도 이러한 반응으로 생성된다는 주장이다. 이를 **무기물 기원설**이라고 한다.

당장은 생물 기원설이 우세하지만 우세하다고 해서 반드시 정답인 것은 아니다.

② 매장량

화석 연료가 문제가 되는 이유는 매장량 때문이다. 석유는 앞으로 약 36년 후면 고갈된다는 등 무시무시한 이야기가 돌고 있다. 그러나 50년 전의 석유 파동 때도 비슷한 이야기가 돌곤 했다. 그로부터 50년이 지났지만, 아직 고갈되지는 않았다.

'매장량'이란 '가채(可採)' 매장량을 뜻한다. 현대 과학으로 존재를 확인하고 현대 과학으로 채굴할 수 있는 양이다. 과학이 발달하면 새로운 유전을 발견할 수도 있고 현재 기술로는 채굴하지 못하는 해저 지역도 채굴할 수 있는 시기가 올 수도 있다. 이렇듯 가채 매장량은 점차 늘어난다.

또한 무기물 기원에 따르면 이 순간에도 새로운 석유가 생산되고 있을 테니 매장량은 늘고 있는 셈이다.

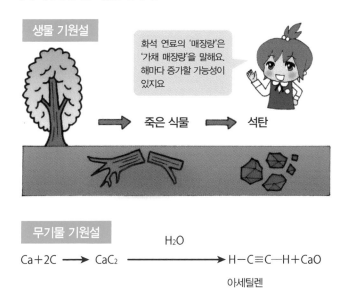

생물 기원설

화석 연료의 '매장량'은 '가채 매장량'을 말해요. 해마다 증가할 가능성이 있지요

죽은 식물 ➡ 석탄

무기물 기원설

$$Ca + 2C \longrightarrow CaC_2 \xrightarrow{\quad H_2O \quad} H-C\equiv C-H + CaO$$

아세틸렌

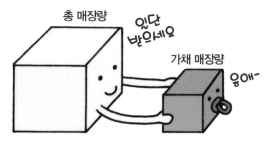

총 매장량

일단 받으세요

가채 매장량

응애—

3-2 · 석탄과 에너지

석탄의 매장량은 확인된 양만으로 8,475억 톤이고 가채 매장량으로 따지면 약 133년분에 해당하며 석유(1,686억 톤, 42년)와 천연가스(석유 환산 1,628억 톤, 60년)를 누르고 당당히 1위의 존재량을 자랑한다. 그만큼 미래의 에너지원으로서도 중요하다.

1 석탄의 장단점

석탄 매장량 자체는 넉넉하지만, 연료로써는 단점이 있다. 그것은 석탄이 고체라는 점이다. 고체 연료는 액체나 기체 연료에 비해 사용법이 번거롭다. 하지만 화학 산업의 원료로써는 매력적인 연료이다.

다음 페이지에 석탄의 분자 구조를 기재했다. 벤젠 고리가 복잡하게 축합된 방향족 구조에 주목해 보자. 방향족 화합물은 화학 산업의 원료로써 없어선 안 되는 존재다.

2 석탄의 개질

고체 석탄을 액화 또는 기화하는 작업을 개질(改質)이라고 한다. 석탄 개질의 기본은 건류이다. 건류함으로써 분자가 절단 분해된다.

■A: 건류

건류란 석탄을 산소가 없는 상태에서 가열하는 방식을 말한다. 이를 통해 기체인 석탄 가스, 액체인 가스액이나 콜타르, 그리고 석탄 중량의 70% 가량을 차지하는 고체 코크스를 얻을 수 있다.

■B: 기화

석탄에서 기체 연료를 얻기 위해서는 석탄 가스를 사용하는 방법도 있지만 일반적으로는 코크스를 사용한다. 즉 코크스를 1,000℃ 정도로 가열한 후 물과 반응시키면 일산화탄소 CO와 수소 H_2로 나눠진다. CO는 연소하면 이산화탄소가 되고 수소는 연소하면 물이 된다. 이 혼합 가스는 수성 가스라고 불리며 과거 도시가스로서 각 가정으로 운반되어 에너지원으로 사용되었다.

■ C: 액화

액화 방법에는 여러 가지가 있다. 예를 들어 직접법은 석탄에 수소를 반응시키는 방법이다. 건류 액화법은 건류로 얻은 타르를 원료로 삼는 방법이다. 또한 수성 가스를 원료로 촉매를 사용해 휘발유를 얻는 방법도 있다.

저분자 화합물

출처: 일본화학회(편) 『화학 편람 응용화학 편Ⅰ 프로세스 편』 (마루젠, 1985년) 발췌

생성물	발생량	
	저온 건류	고온 건류
코크스(%)	65~75	65~75
콜타르(%)	10~15	5~6
가스액(%)	6~10	7~10
석탄 가스/m^3t^{-1}	110~170	250~360

석유는 점조(粘稠)한 검은 원유 상태로 퍼 올린다. 그 후 분별 증류를 통해 끓는점에 따라 몇 가지 제품으로 나눠진 다음 각각 알맞은 연소 설비의 에너지원으로 사용된다.

① 석유의 종류

석유의 종류와 끓는점, 탄소 수는 다음 페이지와 같다. 석유의 분자 구조는 기본적으로 직쇄(直鎖) 구조의 **탄화수소**이며 이 탄화수소 분자를 구성하는 탄소 수와 끓는점 사이에 상관관계는 확인된 바 있다. 즉 탄소 수가 적고 짧은 분자일수록 끓는점이 낮아 상온에서는 기체 상태이며 탄소 수가 많아지면 고체 상태이다.

가장 탄소 수가 적어 끓는점이 낮은 제품은 벤진이며 가장 탄소 수가 많은 제품은 폴리에틸렌이다.

② 이산화탄소

탄화수소를 연소하면 에너지와 함께 폐기물인 **이산화탄소**와 물이 발생한다. 모든 석유는 CH_2가 이어진 구조다. 따라서 석유를 태우면 1개의 CH_2가 1개의 이산화탄소 CO_2와 물 H_2O이 된다.

분자의 무게는 분자량으로 결정된다. 분자량은 그 분자를 구성하는 원자의 원자량의 총합이다. 수소, 탄소, 산소의 원자량은 각각 1, 12, 16이다. 따라서 CH_2의 분자량은 14이며 CO_2의 분자량은 44임을 알 수 있다.

즉 석유일 때는 14였던 분자량이 연소를 통해 이산화탄소가 되면 44가 되어 3배 이상 늘어난다. 석유 10만 톤을 태우면 30만 톤의 이산화탄소가 발생하게 되는 셈이다.

이산화탄소는 눈에는 보이지 않는 기체이므로 망각하기 쉽지만, 연소로 인해 엄청난 양의 이산화탄소가 발생하고 있다. 만약 이산화탄소가 고체였다면 엄청난 일이 벌어졌을 것이다.

명칭	끓는점(℃)	탄소 수	용도
석유 에테르	30~70	6	용제
벤진	30~150	5~7	용제
휘발유	30~250	5~10	자동차, 항공기 연료
등유	170~250	9~15	자동차, 항공기 연료
경유	180~350	10~25	디젤 연료
중유	–	–	보일러 연료
파라핀	–	>20	윤활제
폴리에틸렌	–	~수천	플라스틱

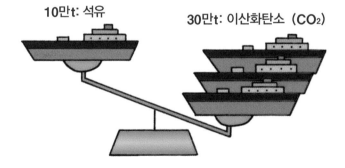

$$(CH_2)_n \xrightarrow{\;O_2\;} nCO_2$$

14n   44n

석유   이산화탄소

10만t: 석유

30만t: 이산화탄소 (CO_2)

천연가스의 주성분은 메테인 CH_4으로 유용한 에너지원으로써 도시가스를 비롯해 여러 방면에서 활용하고 있다. 메테인은 음식물쓰레기를 미생물로 발효해서 얻을 수도 있다.

1 기체 탄화수소의 종류

천연가스의 주성분은 메테인이지만 그 외에도 다양한 **탄화수소**가 섞여 있다. 메테인은 무색의 기체이며 분자 구조는 탄소를 중심으로 4개의 수소가 감싸고 있는 형태이지만 정사각형은 아니다. 바닷가에 가면 방파제 역할을 하는 테트라포드 블록과 비슷한 모양의 정사면체이다.

탄소 수가 2개라면 에테인이고 3개라면 **프로페인**이다. 프로페인은 가스통에 넣어 캠핑 등에서 연료로 사용하곤 한다. 탄소가 4개 있으면 뷰테인이 되며 가스라이터의 연료로 사용한다. 가스라이터에 저장할 때는 고압으로 압축한 액체 상태다. 뷰테인을 흡입하면 명정(酩酊) 상태가 되므로 위험하다. 탄소 5개의 펜테인은 끓는점이 36.1℃여서 평소에는 액체지만 더운 날에는 끓어서 기체가 된다.

탄화수소는 산소가 충분한 환경에서 연소하면 이산화탄소와 물이 된다. 그러나 산소가 부족하면 일산화탄소 CO와 물이 된다. 일산화탄소는 독성 가스로 이따금 비참한 사고가 발생하기도 한다.

2 기체의 무게

분자의 **분자량**을 구하는 방법은 앞 챕터에서 설명한 바 있다. 메테인은 16, 프로페인은 44다. 공기는 산소와 질소의 혼합물이지만 분자량을 구하면 약 28.8이다. 즉 실내에 메테인 가스를 방출하면 메테인은 공기보다 가벼우므로 천장에 가까운 위쪽에 모이게 된다. 하지만 프로페인 가스는 공기보다 무겁다. 따라서 바닥에 가까운 아래쪽에 가라앉는다.

프로페인 가스를 제대로 잠그지 않아 실내에 프로페인 가스가 유출되었을 때 창문을 열어도 가스는 빠져나가지 않는다. 출입문을 열어 빗자루 등으로 쓸어 내는 방법이 가장 효과적이다. 그대로 방치했다가는 자칫 폭발로 이어질 수 있다.

탄소 수	명칭	구조	끓는점(℃)	녹는점(℃)	비중	상태	색깔
1	메테인	CH_4	−161.5	−182.8	0.55[*1]	기체	무색
2	에테인	CH_3CH_3	−89.0	−183.6	1.1[*1]	기체	무색
3	프로페인	$CH_3CH_2CH_3$	−42.1	−187.7	1.55[*1]	기체	무색
4	뷰테인	$CH_3(CH_2)_2CH_3$	−0.5	−138.3	2.01[*1]	기체	무색
5	펜테인	$CH_3(CH_2)_3CH_3$	36.1	−129.7	0.63[*2]	액체	무색

*1: 공기에 대한 비중 *2: 물에 대한 비중

메테인

프로페인

뷰테인

메테인 가스

프로페인 가스

메테인 가스도 프로페인 가스도 기체지만 무게에 따라 모이는 위치가 달라

오일 셰일과 오일 샌드

석유, 천연가스의 가채 매장량이 수십 년밖에 남지 않는 지금 미래 에너지원으로 주목받는 자원이 바로 오일 셰일과 오일 샌드 그리고 **메테인 하이드레이트**이다.

1 오일 셰일

오일 셰일은 한자로는 유모혈암(油母頁岩)이라 한다. 석유의 모체를 품은 퇴적암(혈암)이라는 뜻이다.

유모는 태고의 식물에서 유래하는 유기물 중 석유로까지 분해되지 않은 것을 지칭한다. 유모혈암은 암석 속에 갇혀 있어서 석유나 석탄과는 달리 채굴했다고 해서 바로 사용할 수 있지 않다. 혈암으로부터 석유 등을 채취하기 위해서는 가열 등의 공업적 처리를 해야 한다. 따라서 아직 연구가 필요하며 상업적으로는 아직 채산성이 맞는 단계는 아니다.

하지만 매장량은 현 단계에서도 석유 매장량의 2배에 달하는 등 장래 더욱 많은 양이 발견될 가능성도 있다.

2 오일 샌드

오일 셰일과 비슷하지만, 차이점이 두 가지 있다. 한 가지는 기름이 갇혀 있는 곳이 혈암이 아니라 사암(砂岩)이라는 점, 다른 한 가지는 기름 부분이 유모가 아니라 석유라는 점이다. 단 석유 중 끓는점이 낮은 휘발성 부분이 없는 상태이다.

오일 샌드의 매장량도 석유의 약 2배는 되리라 추정하고 있다. 그러나 그 중 48%가 캐나다 앨버타(Alberta)주에 있다고 하니 희귀금속과 견줄 정도로 편재가 심하다.

오일 셰일도 오일 샌드도 채굴하더라도 각각에서 유기물을 추출하는 기술이 걸림돌이다. 가열에 의존하면 대량으로 가열된 암석 폐기물을 발생시켜 심각한 환경 오염의 원인이 된다. 유기 용매로 추출하면 편하지만, 산출물인 석유는 단가가 낮아서 복잡한 절차가 들어가는 방법을 사용할 수도 없다. 앞으로 더욱 연구가 기대되는 분야이다.

오일 셰일의 산지

석유 자원에는 오일 셰일이나 오일 샌드가 있어. 매장량은 풍부하지만, 암석 폐기물을 배출하지 않도록 하는 것이 과제야

돌을 연소시킴 → 돌이 배출됨

메테인 하이드레이트는 메테인과 물이 결합한 물질인데 메테인 하이드레이트는 약한 분자간력(분자 사이에 작용하는 힘)으로 결합해 있다. 즉 메테인 하이드레이트는 메테인과 물로 이루어진 **초분자**이다. 에너지는 메테인 부분이 연소함에 따라 발생한다.

① 메테인 하이드레이트의 구조

메테인 하이드레이트는 연료로써는 물론 분자로써도 흥미로운 물질이다. 다음 페이지에 기재한 메테인 하이드레이트의 분자 구조를 보면 기하학적으로 상당히 아름다운 형태를 지닌다. 이 분자는 새장과 새장 속 새로 비유할 수 있다. 새가 메테인 분자이며 새장은 물 분자이다.

물의 분자 구조는 H-O-H인데 산소는 음의 전하를, 수소는 양의 전하를 가진다. 그 결과 한 물 분자의 산소와 다른 물 분자의 수소 사이에 정전기적 인력이 발생한다. 이를 **수소 결합**이라고 한다. 메테인 하이드레이트의 새장에 해당하는 부분은 이러한 수소 결합으로 결합한 물로 구성되어 있다.

② 연료로써의 메테인 하이드레이트

메테인 하이드레이트는 해저 대륙붕에 셔벗처럼 쌓여 있거나 진흙 속에 묻혀 있기도 하다. 이 메테인 하이드레이트를 적절한 펌프로 추출해 불을 붙이면 푸르스름한 불꽃을 내뿜으며 열을 발생시킨다.

즉 메테인 하이드레이트는 연료이자 에너지원으로 활용할 수 있다. 연소하는 물질은 메테인이며 물은 수증기로 증발하게 된다.

일본은 대륙붕을 지닌 섬나라이므로 메테인 하이드레이트는 일본 근해에도 대량으로 존재한다. 천연가스로 환산하면 어림잡아 100년에 달하는 가채 매장량이 있다고 본다. 다만 채굴 방법에 관해서는 아직 연구 단계로 메테인 하이드레이트가 연료로써 실용화될 때까지 아직 시간이 필요할 것으로 보인다.

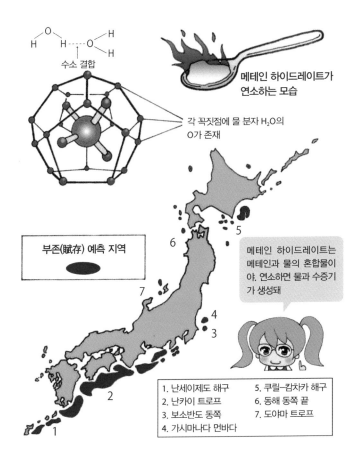

자동차의 주류는 엔진을 탑재한 내연기관차에서 모터를 탑재한 전기차로 옮겨가고 있다. 이 모터를 움직이는 전원으로 주목받는 것이 **연료 전지**다. 연료 전지는 연료가 연소하면서 발생한 에너지를 전기 에너지로 변환한다. 수소를 연료로 하는 **수소 연료 전지**가 잘 알려졌지만, 연료는 수소에만 국한되지 않는다. 원리적으로는 **메탄올**, 휘발유, 천연가스도 연료로 사용할 수 있다.

① 수소 연료 전지

수소 연료 전지는 대표적인 연료 전지이므로 그 구조를 먼저 살펴보겠다. 연료 전지에서 가장 중요한 역할은 촉매이다. 음극에서 촉매를 통해 수소가 분해되어 수소 이온 H^+과 전자 e^-가 생성된다. e^-는 외부 회로를 통해 전류가 되며 H^+은 전지 내부를 통해 양극으로 향한다. 여기서 산소와 결합해 물이 되며 이때 발생한 에너지가 전기 에너지가 되어 방출된다. 구조가 매우 단순하고 폐기물로 배출되는 물질은 물밖에 없으므로 친환경이다.

② 메탄올의 활용도

위의 설명만 보면 유기물이 끼어들 틈이 없다. 하지만 수소 연료 전지의 약점은 연료인 수소이다. 수소는 폭발성 기체이기 때문이다. 자동차에 어떻게 싣고 수소 충전소를 어떻게 만들지와 같은 문제가 아직 남아 있다.

연료 전지에는 수소 외에도 여러 연료가 사용된다. 메탄올 CH_3OH을 연료로 하는 직접 메탄올 연료 전지가 있다. 직접 메탄올 연료 전지는 메탄올을 물과 반응시켜서 이산화탄소 CO_2와 H^+, e^-를 생성한다. 그다음 과정은 수소 연료 전지와 같다. 또한 메탄올을 촉매 존재 하에서 고온으로 분해해

수소를 발생시켜서 수소 연료 전지를 작동하게 하는 방법도 있다.

두 방법 모두 직접 수소 가스를 사용하지 않고 메탄올을 연료로 사용하므로 연료 저장 및 운반 문제는 해결된다.

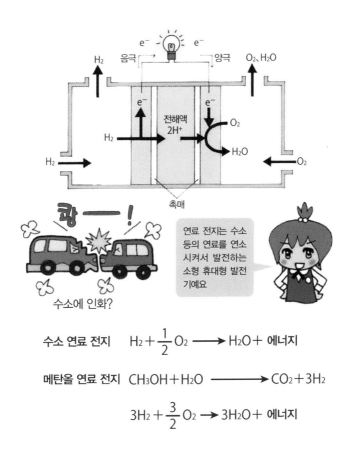

$$\text{수소 연료 전지} \quad H_2 + \frac{1}{2} O_2 \longrightarrow H_2O + \text{에너지}$$

$$\text{메탄올 연료 전지} \quad CH_3OH + H_2O \longrightarrow CO_2 + 3H_2$$

$$3H_2 + \frac{3}{2} O_2 \longrightarrow 3H_2O + \text{에너지}$$

태양 전지와 에너지

다양한 의견이 있지만 지구 온난화는 진행 중이며 그 원인은 이산화탄소에 있다는 이론이 정설이다. 온난화를 막으려면 이산화탄소 배출량을 억제해야 하며 결과적으로 화석 연료 연소를 멈춰야 한다. 화석 연료의 대체 에너지로는 원자핵 에너지와 태양 에너지가 언급되고 있다. 이렇게 되면 태양 에너지를 간접적으로 활용한 풍력 발전이나 직접 사용하는 **태양 전지**가 자연스럽게 주목받게 된다.

① 태양 전지의 장점

태양 전지의 최대 장점은 태양광 에너지를 직접 전기 에너지로 변환할 수 있다는 점이다. 또한 가동 부분 없는 도자기나 유리이므로 고장 및 고장에 따르는 수리도 필요 없어서 무인도의 등대 같은 곳에도 설치할 수 있다. 가정집 지붕에 설치하면 발전 설비와 소비 설비 사이의 거리가 줄어들어 전력 수송에 따르는 손실이 없는 점도 큰 장점이다.

② 실리콘 태양 전지

태양 전지는 계속 발전하고 있으며 차세대 태양 전지로는 **유기 태양 전지**가 유력한 후보로 일컬어진다. 이 책은 유기물의 기능을 소개하는 책이므로 유기 태양 전지가 메인 주제이긴 하지만 그 전에 기본이라고 할 수 있는 **실리콘 태양 전지**를 알아두면 더욱 이해하기 쉬울 것이다.

실리콘 태양 전지는 실리콘에 소량의 불순물을 섞어 실리콘 원자 주변의 전자적 환경을 변화시킨 2종류의 실리콘 반도체로 만든다. 반도체 중 하나는 실리콘 주변에 과잉 전자를 만든 n형 반도체이며 나머지 하나는 결손 전자 상태인 p형 반도체이다.

태양 전지는 이 2종류의 반도체를 접합하고 위아래 표면에 전극을 둬서 샌드위치처럼 만든 것이다. 단 n형 반도체의 전극은 투명하게 만들어야 한다. 태양광이 투명 전극과 아주 얇은 n형 반도체를 통과해 접합 면에 도달하면 접합 면에 전자 e^-와 정공 h^+이 발생한다. 이들은 각각 서로 다른 전극으로 향하는데 전선을 통해 전구에서 다시 만나 에너지를 발생시키게 된다.

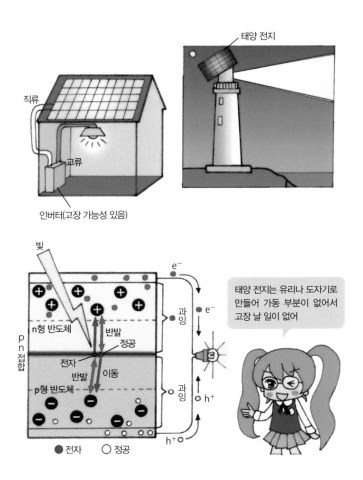

실리콘은 지각(地殼)에서 2번째로 많은 원소로 자원량은 충분하지만 태양 전지에 사용하기 위해서는 99.99999%의 순도가 필요해 굉장히 값이 비싸다. 그래서 주목받는 방법이 유기물을 사용한 유기 태양 전지다.

① 유기 태양 전지의 장단점

유기물을 사용하면 저렴할 뿐 아니라 제조가 쉽고 가벼우며 구부리거나 늘릴 수 있으며 색도 자유롭게 정할 수 있다는 장점이 있다.

문제는 빛 에너지를 전기 에너지로 변환하는 비율을 뜻하는 변환 효율이다. 범용 실리콘 태양 전지가 16% 정도인데 유기계는 실험치조차 10% 언저리다. 하지만 가격 대비 성능을 따지면 실용 단계로 접어들었다고도 볼 수 있다. 단 유기물인 만큼 내구성이 높지 않은 점 또한 문제다.

② 유기 태양 전지의 현재

유기 태양 전지의 경우 원리도 구조도 전혀 다른 2가지 타입의 연구 개발이 동시에 진행되고 있다.

■ A: 유기 박막 태양 전지

주로 유기 고분자로 만든 n형 반도체와 p형 반도체를 사용한 방법으로 원리적으로 실리콘 태양 전지와 같다. 변환 효율은 7~8%이지만 효율 향상을 기대할 수 있다.

제조 방법은 대단히 간단해서 금속 전극 위에 2종류의 유기 반도체 용액을 덧바른 후 투명 전극을 씌우기만 하면 된다. 2종류의 반도체의 혼합물을 바르기만 하면 되는 방법도 있다.

■B: 색소 증감 태양 전지

유기물 색소와 이산화타이타늄, 아이오딘, 전해질을 사용한 태양 전지다. 독특한 원리와 구조를 가져 각 구성 물질의 전자 에너지를 정밀하게 조합해야 하는 점에서는 예술 작품에 가까운 섬세함이 필요하다. 그만큼 변환 효율은 실험치에서 10%를 넘는다.

색소를 사용하므로 무지갯빛 7색을 내는 것도 어렵지 않으며 시제품 중에는 알록달록한 잎을 가진 관엽식물 모양으로 만든 제품도 있다.

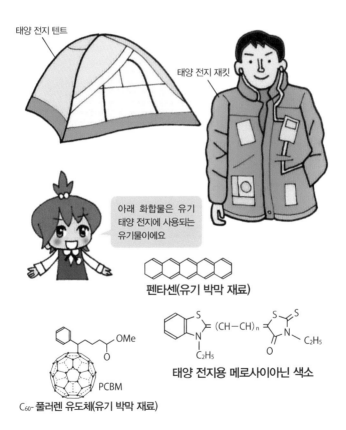

태양 전지 텐트

태양 전지 재킷

아래 화합물은 유기 태양 전지에 사용되는 유기물이에요

펜타센(유기 박막 재료)

태양 전지용 메로사이아닌 색소

PCBM

C_{60}- 풀러렌 유도체(유기 박막 재료)

메테인 하이드레이트

메테인 하이드레이트는 대륙붕 해저에 존재한다. 이 때문에 고압 저온이 아니면 생성되지 않는다고 생각하기 쉽다. 하지만 메테인 하이드레이트가 처음 발견된 곳은 지상이었다.

시베리아의 천연가스 산출지에서 메테인을 파이프 관으로 소비지로 수송 하던 어느 날 파이프 관에 구멍이 생겨 메테인이 유출되고 있다는 사실을 알 게 되었다. 이에 기술자가 조사를 진행했는데 파이프 관 구멍에 셔벗처럼 얼 어붙은 물체를 발견했다. 이것이 메테인 하이드레이트였다. 이처럼 메테인 하이드레이트를 생성하기 위해서는 반드시 저온이거나 고압일 필요는 없다 는 사실을 알 수 있다.

메테인 하이드레이트는 1개의 메테인 주변에 여러 개의 물 분자가 감싼 형태다. 따라서 이대로 연소시키면 대량의 수증기가 발생해 모처럼 만든 연 소 에너지가 물의 기화열로 빼앗기게 된다. 연료로 사용하기 전에 하이드레 이트의 구조를 분해해 메테인과 물로 분리해야만 하는 이유다. 실용화까지 는 해결해야 할 과제가 여전히 산더미 같다.

메테인 하이드레이트 난로

결로

제4장

플라스틱의 기능

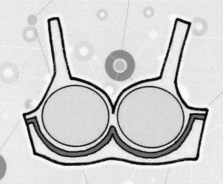

우리는 플라스틱 없이 삶을 영위하기 힘든 세상에 살고 있다. 페트병 등의 용기는 물론 가전제품도 의류도 타이어도 대부분이 플라스틱이다. 하지만 플라스틱의 기능은 이 외에도 많다. 플라스틱은 물을 흡수하고 전기가 통하며 해수를 담수로 바꿀 수 있다. 이뿐 아니라 빛으로 경화시켜 충치 치료에 활용하기도 한다.

· 부드러워지는 유기화합물

플라스틱(합성수지)은 우리 생활과 밀접하게 연관되어 있다. 최근에는 다양한 기능을 가진 플라스틱이 등장하고 있다.

① 열가소성 수지

플라스틱은 일반적으로 고분자로 불리는 물질의 일종이다. 고분자란 여러 개의 작은 단위 분자가 공유 결합으로 연결된 거대 분자를 말한다.

페트병을 뜨거운 물에 넣으면 부드러워지듯 플라스틱 대부분은 가열하면 부드러워지므로 **열가소성 수지**라고 불린다. 열로 부드러워지는 성질은 플라스틱 분자의 집합 상태 때문이다. 열가소성 수지 분자는 털실처럼 긴 형태이다. 이러한 분자 여러 개가 구불구불하게 모여 있는 상태가 열가소성 수지다.

이러한 집합체가 가열되면 털실(분자)은 열에너지를 받아 운동이 활발해져 꾸물꾸물 움직이기 시작한다. 이 때문에 플라스틱의 변형이 일어난다. 그러나 이 성질 덕분에 플라스틱은 성형하기가 쉽다. 즉 가열해서 부드러워진 액체 상태 플라스틱을 틀에 넣고 냉각해서 다시 꺼내면 제품이 만들어진다. 이 과정을 거쳐 현재 세상에 나와 있는 다채로운 구조의 물질을 만들 수 있는 것이다.

② 열경화성 수지

하지만 뜨거운 국을 넣은 플라스틱 그릇이 부드러워져서는 그릇을 만지기도 겁날 것이다. 다만 일상적으로 사용하는 플라스틱 그릇은 뜨거운 국을 넣는다고 해서 부드러워지지 않는다. 이는 **열경화성 수지**라는 특별한 플라스틱을 사용했기 때문이다.

열경화성 수지의 구조는 분자 사슬 사이에 결합이 만들어진 3차원 가교 구조이다. 따라서 가열해도 분자가 움직이지 않아 변형도 일어나지 않는다. 열경화성 수지에는 **멜라민 수지**, 페놀 수지(베이클라이트), 요소 수지(유레아 수지) 등이 있다.

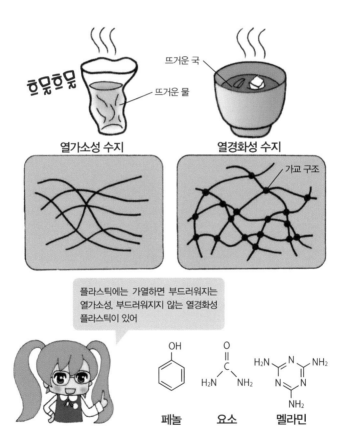

부드러워지지 않는 유기화합물

열경화성 수지는 열을 가해도 부드러워지지 않는다. 따라서 식기나 냄비 손잡이, 콘센트 등 뜨거워지는 곳에 사용된다. 하지만 열경화성 수지의 원료로는 유독한 폼알데하이드를 사용한다. 폼알데하이드는 새집 증후군의 원인으로 알려져 있다.

① 열경화성 수지의 분자 구조

열경화성 수지가 어떠한 반응을 통해 만들어지는지는 페놀 수지의 사례를 살펴보면 좋다.

페놀①과 폼알데하이드②가 반응하면 ③이 만들어진다. 그리고 또 다른 분자 ①과의 반응에서 물이 부산물로 나오면서 ④가 만들어진다. 여기서 주의해야 할 점은 ④에서 2개의 벤젠 고리를 잇는 원자단 CH$_2$이다. 이는 폼알데하이드②가 변화한 것이다. 즉 폼알데하이드는 유해 물질이지만 페놀 수지가 되면 폼알데하이드는 사라져 더 이상 유해한 존재가 아니게 된다.

④에 다시 ②가 반응해 동일한 반응을 반복하면 고분자 ⑤가 생성된다. 그러나 ①은 반응하는 지점이 다음 페이지에 ●로 표시한 3곳이다. 따라서 최종적으로는 ⑥처럼 가교 형태의 망 구조가 만들어진다.

② 열경화성 수지의 성형법

열을 가해도 부드러워지지 않는 열경화성 수지를 원하는 형태로 바꾸기 위해서는 어떻게 해야 할까? 도자기처럼 빚어야 할까? 열경화성 수지가 한번 완성되면 더 이상 바꿀 방법은 없다. 자르거나 깎는 방법으로 성형해야 한다. 열경화성 수지의 성형은 붕어빵 굽기에 비유할 수 있다. 열경화성 수지의 완성품인 ⑧을 원료로 사용하지 않고 ⑧이 되기 전의 불완전한 상태,

즉 열경화성 수지의 씨앗인 ⑦을 사용한다.

유연한 고분자 씨앗 ⑦을 성형기 틀에 넣고 가열하면 성형기 안에서 고분자화 반응이 진행되어 틀에서 꺼내면 완전한 열경화성 수지 제품 ⑧이 완성된다.

· 전기가 통하는 유기화합물

오랫동안 유기물은 전기가 통하지 않는다고 알려져 있었다. 유기물의 한 종류인 플라스틱도 마찬가지이며 실제로 전기가 통하지 않는 절연체였다.

1 전도성 플라스틱

하지만 이러한 통념은 **전도성 플라스틱**이 등장하면서 뒤집어졌다. 이는 2000년의 시라카와 히데키 박사의 노벨상 수상에서도 알 수 있듯 획기적인 발명이었다.

이 플라스틱은 **폴리아세틸렌**으로 산소 아세틸렌 불꽃으로 만들어 철 용접에 사용하는 아세틸렌을 중합시킨 물질이다. 그러나 폴리아세틸렌 자체는 **전도성**이 거의 없다.

2 전도성의 원리

폴리아세틸렌에 소량의 아이오딘 등을 첨가하면 전도성이 발현된다. 이처럼 소량의 불순물을 첨가하는 방법을 **도핑**(Doping)이라고 하며 불순물을 **도펀트**(Dopant)라고 한다.

이 원리는 다음처럼 생각해 볼 수 있다. 전기가 흐른다는 것은 전자가 이동한다는 뜻이다. 폴리아세틸렌 안에는 여러 개의 전자가 존재한다. 이 상태는 정체 상태인 도로와 같다. 전자가 흐르도록 하기 위해서는 전자를 줄여야 한다.

이 역할을 맡는 물질이 도펀트다. 도펀트는 전자와 친화성이 좋으며 전자를 끌어들이는 힘이 있다(전기 음성도가 높음). 이 현상을 시라카와 박사는 학생들의 실수를 통해 발견했다고 한다. 어느 날 학생이 지시와는 다른 방법으로 실험을 진행해 버렸다. 박사는 그 실험의 생성물을 폐기하려고 했는데 문득 이 물질의 전도성에 대해 궁금해져 전도성을 측정했더니 깜짝 놀랄 결과가 나온 것이다.

전도성 고분자는 다양한 터치패널, 휴대전화 리튬 전지의 전극, 콘덴서 등 현대 전자기기를 뒷받침하는 중요한 재료로 자리매김했다.

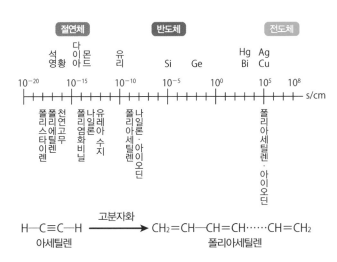

H—C≡C—H $\xrightarrow{\text{고분자화}}$ CH₂=CH—CH=CH……CH=CH₂
아세틸렌 　　　　　　　　　　　폴리아세틸렌

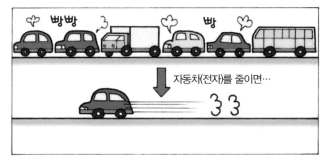

4-4 · 형태를 기억하는 유기화합물

본래 형태를 기억해서 가열하면 원래 형태로 돌아가는 소재를 형상 기억 소재라고 한다. 형상 기억 합금이 잘 알려져 있는데 플라스틱 중에는 형상 기억 수지가 있다.

① 형상 기억 수지의 원리

형상 기억 수지의 원리는 다음과 같다.

- **① 형상 기억 단계:** 직쇄 구조의 형상 기억 수지를 가열해 형태 A로 가공한다. 그러면 가열 단계에서 분자 사이에 가교 구조가 생성된다. 가교 구조는 분자 사슬을 3차원으로 고정하므로 챕터 4-2(p.70)에서 설명했던 열경화성 수지와 마찬가지로 쉽게 변형되지 않는다. 이렇게 해서 형상 기억이 완성된다.
- **② 성형 단계:** 위에서 만든 제품을 재가열하면 부드러워지므로 임의의 형태 B로 성형한다. 그 후 냉각하면 제품은 B 형태로 고정된다. 하지만 이는 A가 어쩔 수 없이 가지게 된 가짜 형태이며 내부는 완전히 뒤틀려 있다.
- **③ 회복 단계:** 제품 B를 가열해서 부드럽게 하면 B는 자유도를 획득해 원래 모습인 A로 돌아가게 된다.

② 응용

형상 기억 수지는 다양하게 응용할 수 있다.

- **활용법 ①:** 브래지어의 와이어 부분으로 활용할 수 있다. 먼저 적절한 형태를 기억시켜 놓는다. 그러면 그 후에 의복 탈착 등으로 구부러지는 등 변형되어도 브래지어를 착용했을 때 체온으로 따뜻해지면 다시 원래 커브 형태로 돌아온다.
- **활용법 ②:** 파이프 연결 튜브로도 활용할 수 있다. 좁은 내경을 기억시킨

튜브를 두껍게 성형한다. 현장에서 직경이 서로 다른 파이프의 연결 부품으로서 장착해 드라이어 등으로 가열하면 본래 좁은 직경으로 수축하므로 양쪽 파이프를 견고하게 고정할 수 있다.

■ 활용법 ③: 천장이나 벽 등 내부에 손이 닿지 않는 상태에서 2장의 판을 분할 핀으로 고정할 때 활용한다. 벌려진 형태로 형상 기억한 분할 핀을 닫힌 형태로 성형한다. 벽에 고정한 후 가열하면 벽 안쪽에서 핀이 열리면서 판을 고정한다.

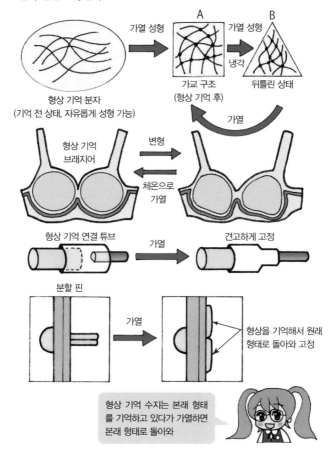

해수를 담수로 바꾸는 유기화합물

보트를 탄 상태로 바다에서 조난된 상황을 상상해 보자. 주변에 물은 넘치지만, 막상 목이 말라 물을 마시고 싶어도 바닷물은 마실 수가 없다. 이럴 때 바닷물을 담수로 쉽게 바꿔주는 물질이 있다. 바로 **이온 교환 수지**이다.

1 해수와 담수

물의 분자식은 H_2O지만 아주 소량은 분해(전리)되어 수소 이온 H^+과 수산화물 이온 OH^-으로 되어 있다. 한편 해수에는 약 3%의 소금 $NaCl$이 녹아 있으며 분해(전리)되어 나트륨 이온 Na^+과 염화 이온 Cl^-으로 되어 있다.

따라서 Na^+을 H^+으로 Cl^-을 OH^-으로 교환하면 해수가 담수로 변화한다.

2 이온 교환 수지

이온을 다른 이온으로 교환하는 플라스틱을 이온 교환 수지라고 한다. 이온 교환 수지에는 양이온끼리 교환하는 **양이온 교환 수지**와 음이온끼리 교환하는 **음이온 교환 수지**가 있으며 각각 다음 페이지와 같은 구조이다.

양이온 교환 수지에 해수를 통과시키면 Na^+이 H^+으로 교환된다. 마찬가지로 음이온 교환 수지에 해수를 통과시키면 Cl^-이 OH^-으로 교환된다. 따라서 적당한 칼럼(원통 용기)에 양이온 교환 수지와 음이온 교환 수지를 채우고 위에서 해수를 부어 통과시키면 아래쪽에서 담수가 나오게 된다.

단 이온 교환 수지에 있던 H^+과 OH^-이 모두 교환되면 더 이상 교환할 수 없다. 하지만 양이온 교환 수지에 산(酸)을, 음이온 교환 수지에 염기를 넣어주면 원래 상태로 회복해 다시 이온 교환 기능을 되찾을 수 있다.

이 장치가 작동하는 데 열도 기계도 필요 없다. 해수를 퍼 와서 칼럼에 부어주면 된다. 그러면 아래쪽에서 담수가 흘러나온다. 따라서 구명보트에 설치해 두면 조난 등 유사시에 큰 도움이 된다. 해안 지대 지진 대피소 등에 설치해도 좋을 것이다.

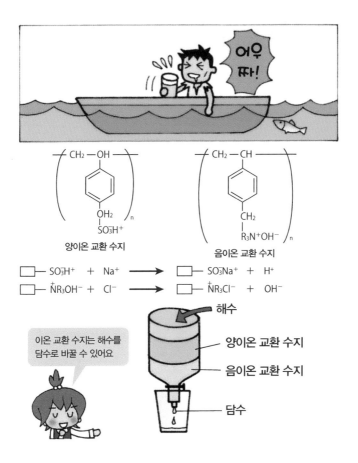

· 충치 치료에 사용하는 유기화합물

기존의 충치 치료란 썩은 부분을 깎아 내고 **팔라듐 Pd** 등의 금속을 수은과 합금한 아말감을 채워 넣는 방식이었다. 하지만 미나마타병까지 언급하지 않아도 수은 자체가 유독 금속이며 팔라듐은 귀금속이지만 알레르기 반응을 일으키는 사람도 있다. 이런 물질은 꼭 필요하지 않다면 굳이 사용할 필요가 없다. 이때, 빛으로 굳히는 **광경화성 수지**가 활약한다.

① 광경화성 수지의 원리

분자를 반응시키기 위해서 일반적으로는 가열하지만, 빛을 조사해 반응하게 하는 방법이 있다. 이런 반응을 **광화학 반응**이라고 한다.

이중 결합을 가진 화합물 A 2개에 자외선을 조사하면 2개의 A 사이에서 4원 고리를 형성해 B가 된다. 이는 2개의 A가 이중 결합 부분에서 결합했음을 의미한다.

그렇다면 이중 결합을 가진 고분자 C를 만들어 여기에 빛을 조사한다. 그러면 이중 결합 부분에서 분자 사슬이 결합해 가교 구조 D가 된다. 이는 앞서 챕터 4-2(p.70)에서 본 열경화성 수지의 분자 구조와 같으며 가열해도 변형되지 않고 물리적 강도도 높은 구조라고 할 수 있다.

② 광경화성 수지의 응용

광경화성 수지를 충치 치료에 활용하기 위해서는 다음과 같은 절차가 필요하다.

■ 절차 ①: C 상태의 열경화성 수지를 가열해 부드럽게 한 후 충치 부분을 제거해서 생긴 빈 곳에 채워 넣는다. 부드러운 수지는 빈 곳을 채우듯 딱

맞게 변형된다.

■ **절차 ②**: 이 상태에서 수지에 자외선을 조사한다. 그러면 가교 구조 D로 변화해 단단해지며 더 이상 형태가 변하지 않는다. 이 방법은 부드러운 형태로 변형시킨 후에 빛을 조사해 경화시키므로 다양하게 응용할 수 있다. 금이 간 부분의 충전재나 가구 도장에 사용하면 아름답고 견고한 표면을 만들 수 있다.

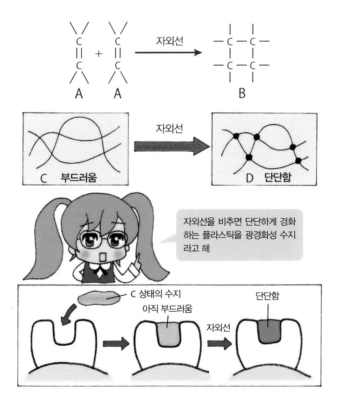

예전에는 활판을 짜서 인쇄했었다. 금속으로 만든 글자판인 활자를 조합해 문장을 구성하고 이를 바탕으로 금속 원판을 만든 후 원판에 잉크를 묻혀 종이에 찍는 방식이다. 현재는 대부분 자동화되어서 활판을 짜는 기술은 겨우 명맥을 이어오고 있을 터다.

1 보호막 생성

여기서 소개하는 인쇄술은 앞 챕터에서 살펴본 **광경화성 수지**를 활용한 인쇄 원판 제조 기술이다. 이때의 광경화성 수지는 일반적으로 **포토레지스트**라는 이름으로 불린다. 제작 방법은 다음과 같다.

- 제작법 ①: 금속 기판 위에 경화 전 부드러운 상태의 광경화성 수지를 균일한 두께로 바른다.
- 제작법 ②: 그 위에 사진용 네거티브 필름(명암이 반전된 음화)을 놓고 자외선을 조사한다.
- 제작법 ③: 필름의 투명한 부분만 자외선이 투과해서 해당 부분의 수지만 경화해 굳는다.

2 금속제 원판 제작

- 제작법 ④: 필름을 제거하고 전체적으로 유기 용제로 씻으면 굳지 않은 부분만 녹고 굳은 부분은 금속 표면에 막으로 남게 된다. 이 상태에서 잉크를 묻혀 인쇄해도 되지만 여러 장을 인쇄하기 위해서는 금속 원판을 만들어야 한다.
- 제작법 ⑤: 이 단계에서 금속을 적절한 산(酸)으로 부식시키면 막이 없는

부분만 부식되어 금속제 원판이 완성된다. 이 원판에 잉크를 묻히면 몇백 몇만 장이든 인쇄할 수 있다.

여기서 사용하는 광경화성 수지인 포토레지스트의 포토는 빛, 레지스트는 저항이라는 뜻이다. 원래 빛을 통해 부식에 저항하는 막을 만드는 물질이라는 의미였겠지만, 현재는 빛을 사용해 원판을 만들 수 있는 물질 전체를 지칭하는 용어로 사용하고 있다.

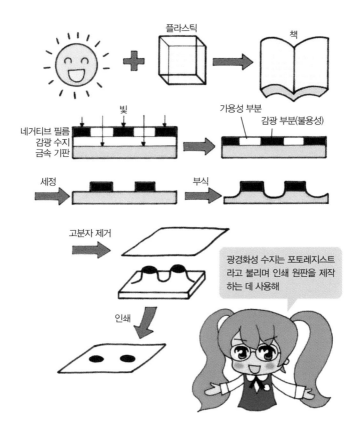

소리를 내는 유기화합물

액자에 들어 있는 그림에서 소리가 나거나 티셔츠가 음악을 연주한다면 어떨까? 놀랍게도 가능한 일이다.

① 스피커

스피커의 구조에는 여러 가지가 있지만 기본적인 구조는 콘 페이퍼라고 불리는 원뿔 모양의 종이 중앙에 자석을 붙이고 뒤쪽에 배치한 전자석(電磁石)으로 끌어당기거나 밀어내서 진동시키는 방식이다. 이 경우 음파는 중심부에서 동심원상으로 퍼진다.

이에 비해 평면이 진동해서 소리를 내는 구조도 있다. 이 경우 음파는 평면파로 전파되어 보다 자연 음에 가까운 소리를 낸다고 한다.

여기서 말하고자 하는 내용은 액자에 들어 있는 그림 자체, 혹은 벽 자체가 진동해 소리를 내는 방법이다. 일반적으로 **압전성 고분자**라고 불리며 특수 기능을 가진 기능성 고분자의 일종이다.

② 압전성 고분자

압전성 고분자의 구조는 다소 복잡하다. 앞서 살펴본 형상 기억 수지의 경우 수지 내부에 역학적인 뒤틀림을 축적해 놓았었다. 압전 소자는 전기적인 뒤틀림을 축적해 놓았다고 보면 이해가 쉬울 것이다.

전기적으로 양극과 음극이 있는 고분자의 분자를 만들어 이를 필름 형태로 만든다. 이 필름을 잡아당겨서 늘리면 분자 사슬의 방향이 맞춰지면서 필름에 전하가 발생한다. 이때 필름을 가열해 부드럽게 만들고 전계를 걸면 전하가 더욱 커진다. 이 상태에서 냉각하면 필름은 전하를 가진 채로 고정된다. 이를 압전성 고분자라고 한다.

이 필름을 구부리면 전하에 뒤틀림이 발생하고 이것이 전류가 되어 전기가 발생한다. 반대로 이 필름에 교류 전압을 가하면 수축과 팽창이 일어난다. 따라서 필름의 양 끝을 고정해 놓으면 필름이 진동해서 음파가 발생하게 된다. 이러한 고분자로 만든 섬유로 티셔츠를 만들면 음악을 연주하는 티셔츠도 불가능은 아니다.

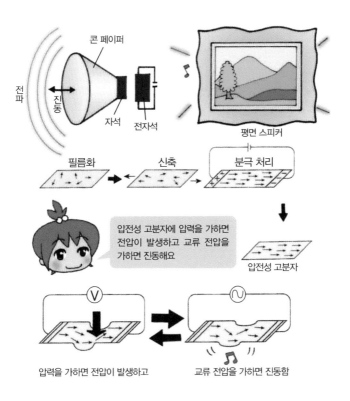

압전성 고분자에 압력을 가하면 전압이 발생하고 교류 전압을 가하면 진동해요

압력을 가하면 전압이 발생하고

교류 전압을 가하면 진동함

수족관의 하이라이트인 유기화합물

요즘 수족관의 메인 볼거리는 거대 수조라고 한다. 커다란 수조에 고래상어나 쥐가오리 같은 대형 어류가 헤엄치는 모습은 압도적인 광경이다.

① 거대 수조

거대 수조에는 직경이 수십 미터, 수량 1만 톤에 달하는 크기도 있다. 이런 거대 수조는 어떻게 만드는 것일까? 무엇보다 궁금증을 유발하는 부분은 유리 벽일 것이다. 세로 10m, 가로 10m 크기의 유리 벽은 어떻게 만드는 것일까? 1만 톤의 물을 담아 두기 위해서는 두께가 수십 센티는 필요할 테다.

만드는 과정도 궁금하지만, 운반 방법도 궁금하다. 저런 거대한 크기를 어디에 담아 어떻게 이동시키는 것일까.

② 유기 유리

걱정할 필요 없다. 수조를 만드는 데 사용한 투명판은 사실 유리가 아니다. 유기 유리 또는 아크릴 수지라고 불리는 것으로 정식 명칭은 폴리메틸메타크릴레이트라는 플라스틱이다.

아크릴 수지의 장점은 여러 가지가 있지만 첫 번째로는 투명도가 높다는 점이다. 보통 유리를 두께 40cm로 만들면 녹색을 띠면서 어두워지고 투명도는 떨어진다. 하지만 아크릴 수지는 그렇지 않다. 또한 가볍다는 점도 큰 특징이다. 유리(비중 2.5)의 절반 이하다.

하지만 가장 큰 장점은 가공이 쉽다는 점이다. 수족관의 투명판은 공장에서 만들지 않고 수족관에서 만든다. 즉 공장에서는 부품을 작게 만들기만 하고 수족관에서 부품을 녹여 붙여서 거대 수조 크기로 조립한 것이다. 아크릴 녹여 붙이기는 쉽다. 용매를 흘려 넣으면 표면 장력으로 접합부에 들어가 양쪽 아크릴을 녹이면서 융합한다. 이런 방법으로 만들었기 때문에 운반도 수월하게 할 수 있었다. 만약 아크릴 수지가 없었다면 지금의 거대 수족관은 만들지 못했을 것이다.

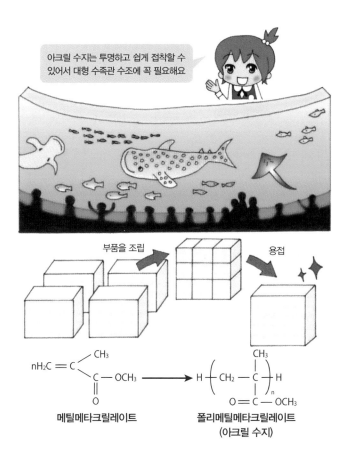

메틸메타크릴레이트

폴리메틸메타크릴레이트
(아크릴 수지)

고분자의 종류

플라스틱을 한자어로 쓰면 수지(樹脂)이며 고분자의 한 종류이지만 고분자의 종류는 매우 많아서 분류하기도 쉽지 않다.

우선 **천연 고분자**와 **합성 고분자**로 나눌 수 있다. 천연 고분자는 자연계에 존재하는 고분자이며 단백질이나 다당류, DNA 등이 있다. 합성 고분자는 인간이 만들어 낸 것으로 **열경화성 고분자(수지)**와 **열가소성 고분자(수지)**로 나눌 수 있다.

열경화성 고분자는 페놀 수지나 멜라민 수지 등의 열을 가해도 부드러워지지 않는 고분자이며 식기, 콘센트, 코팅 합판 등에 사용한다.

열가소성 고분자는 폴리에틸렌이나 페트병, 나일론 등의 열을 가하면 부드러워지는 고분자이다. 열가소성 고분자는 더 나아가 고무, 합성 섬유, 수지(플라스틱)로 나눌 수 있다. 합성 섬유와 수지의 화학적 조성은 완전히 같다.

하지만 열경화성 고분자도 일반적으로는 플라스틱 형태가 많기도 해서 고분자를 분류하기란 까다롭다.

고분자 — 천연 고분자 / 합성 고분자 — 열경화성 고분자 / 열가소성 고분자 — 고무 / 수지 / 합성 섬유

제5장

액정과 분자막의 기능

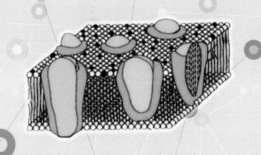

분자는 온도에 따라 고체, 액체, 기체의 상태를 가지는데 분자에
따라서는 그 외의 상태를 가지기도 한다. 대표적으로 액정 상태
와 분자막 상태를 들 수 있다. 액정은 액정 TV 등의 액정 표시에
사용하는 상태다. 분자막은 비눗방울처럼 세포막을 형성해 생명
을 관장하는 중요한 역할을 하기도 한다.

TV는 초박형 시대로 접어들었으며 이에 따라 여러 디스플레이 방식이 등장했다. 그중에서도 액정은 어떤 것인지 알아보자.

1 물질의 상태

액정에 관해 알아보기 전에 물질의 상태에 대해 살펴보자. 물은 액체이지만 녹는점(0℃) 이하로 냉각하면 고체(결정) 상태의 얼음이 되고 끓는점(100℃) 이상으로 가열하면 기체인 수증기가 된다.

이 고체·액체·기체 등을 **물질의 상태**라고 한다. 각 상태의 분자 배치를 **다음 페이지**에 기재했다. 고체(결정)의 경우 분자의 위치 및 방향이 일정하다. 하지만 액체가 되면 분자는 유동성을 획득해 규칙성을 상실한다. 그리고 기체가 되면 분자는 자유롭게 움직인다.

2 액정

1888년 녹는점이 2개인 신기한 물질이 발견되었다. 액정의 발견이었다.

액정의 성질을 표로 정리했다. 액정은 2가지 특징이 있는데 하나는 ①유동성이 있고 다른 하나는 ②특정 **방향으로 정렬**한다는 점이다. 시냇물의 송사리는 자유롭게 헤엄치지만, 머리는 항상 상류를 향하고 있다. 액정도 비슷한 상태이다.

액정은 분자의 한 종류가 아니라 결정이나 액체와 마찬가지로 분자 상태의 하나이다. 하지만 모든 분자가 액정 상태가 될 수 있는 것은 아니며 특수한 분자(액정 분자)만 가능하다. 액정 분자도 분자이므로 저온에서는 고체이며 고온에서는 액체이다.

액정 분자와 일반적인 분자의 상태에 따른 온도 변화를 아래에 표로 정리했다. 고체 상태인 액정 분자를 가열하면 녹는점에서 녹아 유동성을 획득하지만, 액체처럼 투명하지는 않다. 계속 가열해 투명점이 되면 투명한 액체가 된다. 액정이란 녹는점과 투명점 사이의 온도 범위에서만 나타나는 상태다. 앞서 언급한 2개의 녹는점은 '녹는점'과 '투명점'을 말한 것이었다.

액정 분자 예

상태		결정	액정	액체	기체
규칙성	위치	○	×	×	×
	배열	○	○	×	×
배열 모식도					

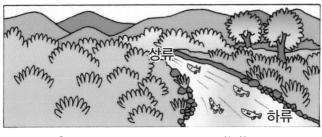

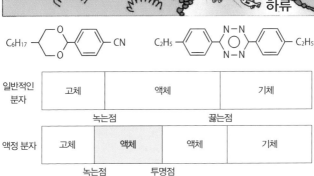

일반적인 분자	고체	액체	기체

녹는점　　　　끓는점

액정 분자	고체	액체	액체	기체

녹는점　투명점

온도를 표시하는 액정 테이프

액정 활용법은 액정 디스플레이로 잘 알려졌지만 그 외에도 활용법은 다양하다.

① 액정의 종류

액정에는 여러 종류가 있는데 그중에서 **콜레스테릭 액정**이 있다. 성인들이 걱정하는 콜레스테롤 유도체 액정이며 최초로 발견된 액정이기도 하다. 이 액정은 흥미로운 성질을 가지고 있다.

앞 챕터에서 액정 분자는 유동성을 가진다고 했는데 액정 중에서는 완전한 유동성을 가지지 못하기도 한다. 콜레스테릭 액정이 그렇다. 이 액정은 서로 나선 계단처럼 나선형을 그리며 올라가는 흥미로운 구조를 가진다.

② 온도 표시 기능

콜레스테릭 액정의 나선형 **피치**는 온도에 따라 변화한다. 피치는 회전하며 계단을 올라가는 분자가 원래 방향으로 돌아올 때까지 몇 단계가 필요한지를 뜻한다. 나사로 비유하자면 홈과 홈 사이의 거리이다.

콜레스테릭 액정의 경우 저온일 때는 15단 필요했는데 고온에서는 10단만 필요하다는 등 온도에 따라 피치는 규칙적으로 변화한다.

이 액정에 빛을 조사하면 빛은 반사된다. 단 나선형의 여러 단계에서 반사하므로 반사광끼리 서로 간섭해 다양한 간섭색을 표출한다. 당연히 간섭색의 색깔은 나선의 피치에 따라 변화하며 결과적으로는 온도에 따라 변화하는 셈이다. 이 성질을 활용한 것이 이마에 붙여서 체온을 측정하는 부착식 온도계다.

2장의 철판의 용접 부분에 이 액정을 도포하고 빛을 비추면 간섭색의 띠가 나타난다. 이때 철판의 뒷면을 가열하면 앞면에 온도가 전달되며 색이 변하는데 용접이 균일하지 않으면 온도도 균일하게 전달되지 않아 띠에 변화가 나타난다. 이 방식으로 용접 하자(결함)를 발견할 수도 있다.

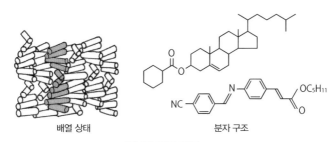

배열 상태   분자 구조

콜레스테릭 액정

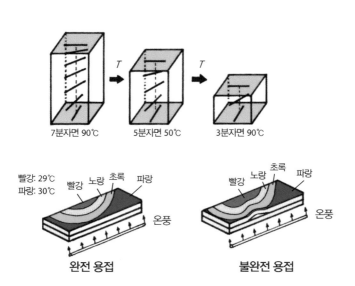

7분자면 90℃   5분자면 50℃   3분자면 90℃

빨강: 29℃
파랑: 30℃
빨강 노랑 초록 파랑   빨강 노랑 초록 파랑

온풍   온풍

완전 용접   **불완전 용접**

일반적인 액정(네마틱 액정)의 특징은 시냇물의 송사리처럼 모든 분자가 같은 방향을 바라보고 있다는 점이다. 이 방향을 제어할 수 있을까?

1 액정 분자의 방향 제어

액정 분자의 방향(배향, 配向)은 비교적 쉽게 제어할 수 있다. 와이어 브러시 등으로 흠집을 낸 유리판 2장을 흠집이 난 부분이 마주 보게 해서 용기(셀)를 만든다. 이 용기에 액정을 넣으면 모든 분자는 흠집 방향으로 배열하게 된다. 의외로 쉽게 성질을 바꿀 수 있다.

흠집이 난 유리판 2장을 비틀면 액정 분자 배열도 앞 챕터의 콜레스테릭 액정처럼 나선형으로 뒤틀리게 된다.

이런 방식으로 액정 분자 방향을 비튼 셀을 트위스티드 네마틱 셀, TN 셀이라고 부르며 액정 표시 장치의 단위 구조를 이룬다. 하지만 이 책에서는 더욱 간단하고 모식적인 원리로 표시 장치를 소개하겠다.

2 전기와 방향

액정의 대단한 점은 액정 분자의 배향을 전기로 제어할 수 있다는 점이다. 그래서 TV 등 전기 기구에 사용할 수 있다.

TN 셀이 아닌 일반적인 셀의 흠집이 없는 유리면을 투명 전극으로 해서 전기를 보낸다. 그러면 액정 분자가 바로 배향을 바꿔서 전류와 같은 방향이 된다. 전기를 끊으면 바로 다시 원래 흠집 방향으로 돌아온다. 이 작업을 몇 번이고 가역적으로 반복한다.

액정 TV는 이러한 원리를 이용했는데 이에 관해서는 다음 챕터에서 자세히 살펴보겠다.

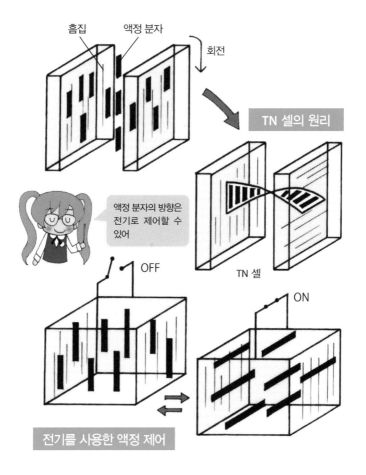

앞 챕터에서 액정의 방향은 전기로 제어할 수 있다고 설명했다. 액정 TV 는 이 기술의 응용이다.

① 액정 TV의 원리

액정 TV 등의 액정 표시 장치는 앞에서 살펴본 TN 셀을 사용한다. 그리 고 편광이라는 특별한 빛을 사용한다. 하지만 이 장치를 있는 그대로 설명 하려고 하면 대단히 복잡해진다.

그래서 이 책에서는 조금 많이 각색해서 이 이상 간단하게 설명할 수 없 는 수준으로 설명해 보겠다.

간단하게 설명하기 위해 **액정 분자를 검은색 세로로 긴 직사각형 종이**로 비유하겠다. 이 셀을 발광 패널 앞쪽에 세팅한다. 이것이 액정 TV의 기본 원리이다.

장치의 전원이 OFF이면 그림 A의 상태다. 액정은 발광 패널에 대해 수 직으로 배열하므로 빛은 종이 사이를 빠져나가 관찰자의 눈에 도착한다. 따 라서 화면은 밝고 하얗다. 하지만 전원이 ON이 된 B 상태에서는 종이가 발 광 패널의 빛을 막게 된다. 따라서 화면은 어둡고 검게 보인다. 즉 액정 표 시는 그림자 그림의 원리와 같다고 봐도 무방하다. 밝은 발광 패널을 액정 으로 막고 있는 것이다.

그다음은 화면을 100만 개 정도로 작게 나누고 요소마다 셀을 세팅해서 각각 독립적으로 전기 제어하기만 하면 된다.

② 액정 표시 장치의 문제점

액정 표시 장치의 단점 중 하나는 발광 패널이 필요하다는 점이다. 발광 패널과 액정 패널의 이중 구조이기 때문에 자칫 두꺼워지기 쉽다. 그리고 화면이 검은색일 때도 발광 패널은 계속해서 빛을 내고 있다. 즉 에너지 효율이 떨어진다. 또한 편광을 사용한다. 따라서 화면을 정면에서 볼 때는 괜찮지만 대각선으로 바라보면 뿌옇게 보이게 된다.

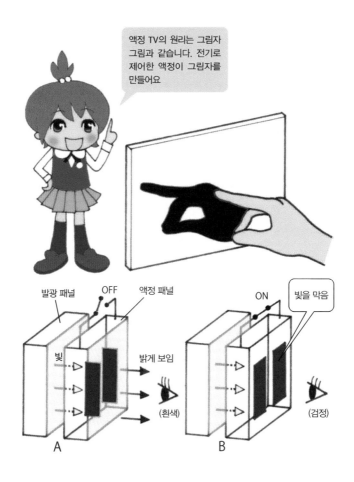

비눗방울은 얇은 막으로 만들어진 공 안에 공기가 들어 있다. 세포는 세포막이라는 얇은 막으로 만들어진 방 안에 여러 가지 세포 소기관이 들어 있다. 비눗방울과 세포막의 막은 **분자막**이다. 이 분자막은 어떻게 만들어지는 것일까?

① 양친매성 분자

비눗방울은 세제로 만들기 때문에 비눗방울의 막이 비누 분자로 만들어졌다는 점은 틀림없다.

비누 분자란 어떤 것일까? 분자에는 설탕이나 소금처럼 물에 녹는 **친수성 분자**와 버터나 석유처럼 물에 녹지 않는 소수성 분자가 있다. 그런데 비누 분자 1개 안에는 물에 녹는 친수성 부분과 물에 녹지 않는 소수성 부분이 둘 다 존재한다. 이러한 분자를 일반적으로 **양친매성 분자** 또는 **계면활성제**라고 한다.

② 분자막

양친매성 분자를 물에 넣으면 어떻게 될까? 친수성 부분은 물에 들어가려고 하겠지만 소수성 부분은 이에 저항한다. 그 결과 분자는 수면(계면)에 물구나무선 듯한 상태로 있게 된다.

더 나아가 양친매성 분자 농도를 높이면 어떻게 될까? 계면은 양친매성 분자로 덮여 있다. 이 상태는 마치 분자로 만들어진 막과 같은 상태이므로 분자막이라고 부른다. 분자막의 중요한 점은 분자막을 구성하는 분자 사이에 결합이 존재하지 않는다는 점이다. 각 분자는 모여 있을 뿐이다. 분자 사이에 작용하는 힘은 결합이 아니라 약한 분자간력이다.

분자막은 조회 시간에 운동장에 모인 초등학생 집단으로 비유할 수 있다. 아이들은 한순간도 가만히 있지 않는다. 옆에 있는 친구에게 장난을 치거나 줄을 벗어나거나 화장실을 가는 아이도 있다. 분자막도 이와 동일한 상태다. 분자막을 구성하는 분자는 막에서 떨어져 나가기도 다시 돌아오기도 한다.

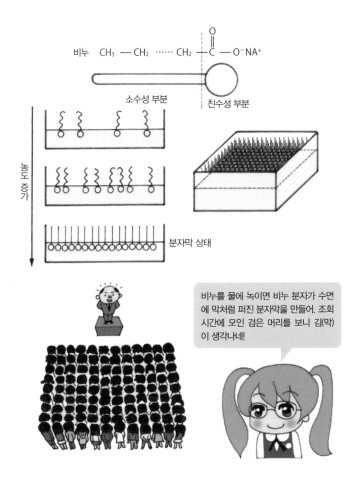

· 빨래하는 분자막

분자막은 우리 생활에서도 사용하고 있다. 그 대표 격이 세탁이다.

① 세탁

세탁은 의복의 오염을 물을 사용해 제거하는 행위이다. 의복의 오염에는 수용성 오염과 지용성 오염이 있다. 세탁은 대량의 물을 사용하므로 수용성 오염은 잘 제거된다. 하지만 지용성 오염은 물에 녹지 않으므로 세탁만 해서는 사라지지 않는다.

이때 사용하는 것이 세제(양친매성 분자)다. 오염된 의복이 들어 있는 수조에 양친매성 분자를 넣으면 양친매성 분자의 소수성(친유성) 부분이 의복의 기름때에 결합한다. 이러한 분자가 늘어나면 기름때 주변에 촘촘하게 양친매성 분자가 결합해 기름때는 분자막으로 쌓인 형태가 된다.

이 분자막으로 쌓인 '주머니' 바깥쪽에는 친수성 부분이 빼곡히 존재한다. 즉 이 주머니 전체는 친수성이 되면서 물에 녹게 된다. 이것이 세탁의 원리이다.

② 드라이클리닝

드라이클리닝의 원리는 세탁의 원리와는 완전히 다르다. 드라이클리닝은 **휘발유**나 **테트라클로로에틸렌** 등의 유기 용제로 지용성 오염을 녹이는 방식이다. 따라서 지용성 오염을 제거할 수는 있지만 수용성 오염을 제거할 수는 없다.

그래서 여기서도 세제를 사용한다. 세제 분자는 세탁의 경우와 반대로 친수성 부분이 수용성 오염에 부착해서 감싼다. 따라서 '주머니' 바깥쪽은 친유성 부분이 배열되어 있으므로 유기 용제에 녹는다.

유기 용제는 독특한 냄새가 있으며 환경 부하도 문제시되고 있다. 그래서 요즘에는 유기 용제로서 감귤류 껍질에 포함된 리모넨을 사용한 드라이 클리닝도 개발되었다.

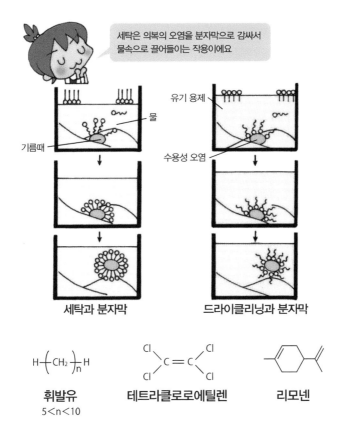

세탁은 의복의 오염을 분자막으로 감싸서 물속으로 끌어들이는 작용이에요

유기 용제

물

기름때

수용성 오염

세탁과 분자막

드라이클리닝과 분자막

휘발유
$5 < n < 10$

테트라클로로에틸렌

리모넨

분자막은 여러 겹으로 중첩될 수 있다. 또한 주머니 모양을 형성할 수도 있다.

① 분자막의 종류

앞 챕터에서 살펴본 분자막은 한 겹이었다. 이러한 분자막을 **단분자막**이라고 한다. 분자막은 중첩될 수 있다. 2개의 단분자막이 중첩된 것을 **2분자막**이라고 한다. 또한 여러 개의 막이 겹친 것을 **누적막** 또는 **LB막**이라고 한다.

분자막은 둥글게 모여 주머니 모양을 형성할 수도 있다. 단분자막으로 만들어진 주머니를 **미셀**, 2분자막으로 만들어진 주머니를 **베지클**이라고 한다.

② 비눗방울과 세포

비눗방울은 베지클 안에 공기(숨)가 들어간 것이다. 그리고 친수기 사이에 물이 들어가 있다. 물 층의 두께는 중력이나 바람의 영향을 받아 계속 변화한다.

비눗방울에 비친 빛은 분자막의 여러 경계에서 반사되어 간섭을 일으킨다. 이 현상이 비눗방울의 무지개색을 보여준다. 그리고 계속해서 변화하는 물 층의 두께가 색이 일렁이는 모습으로 보인다.

③ 세포막

세포막도 베지클이지만, 분자막이 겹친 방식이 비눗방울과는 다르다. 또한 세포막을 만드는 양친매성 분자는 인지질이며 이는 1개의 친수기와 2개의 소수기로 이루어진다. 따라서 둥근 머리에 2개의 꼬리가 달린 형태로 표현된다.

분자막을 구성하는 분자는 결합한 상태는 아니다. 이 때문에 분자막 사이에 여러 물질이 들어있게 된다. 세포막은 이러한 협잡물로 가득하다. 세포막에 이러한 기능이 있기에 생명체가 탄생한 것이다. 만약 세포막이 폴리에틸렌 같은 물질이었다면 결코 생명은 탄생하지 못했을 것이다.

세포막에 담겨 있는 물질 중 가장 중요한 것은 단백질이다. 단백질의 기능에 관해서는 다시 설명하도록 하겠다.

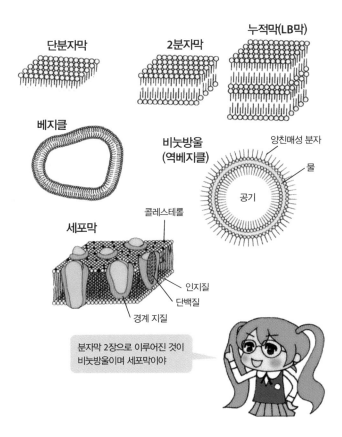

단분자막

2분자막

누적막(LB막)

베지클

비눗방울
(역베지클)

양친매성 분자

물

공기

세포막

콜레스테롤

인지질

단백질

경계 지질

분자막 2장으로 이루어진 것이 비눗방울이며 세포막이야

약을 환부에 전달하는 유기화합물: DDS

분자막은 세포막의 모델 물질이라고 볼 수 있다. 그만큼 의료 관계 분야에서 활용되기를 기대하고 있는데 그 활용 방법의 하나로 **항암제를 환부에 전달하는 기능**을 들 수 있다.

① 부작용

암 환자가 항암제를 복용하면 어떤 일이 일어날까? 우선 항암제는 혈류를 타고 온몸을 순환해 이윽고 암세포에 도달하고 암세포를 공격해서 박멸한다. 하지만 항암제는 암세포에 도달하기까지 정상 세포까지 공격하게 된다. 공격받은 정상 세포는 버텨내기가 힘들다. 이것이 항암제 부작용이 심한 원인 중 하나이다.

이러한 부작용을 없애고 항암제가 암세포만을 공격하게 만들기 위해서는 어떻게 해야 할까? 정답은 항암제를 암세포에 먼저 전달하면 된다. 이를 DDS(Drug Delivery System)라고 한다.

② 베지클 DDS

DDS는 여러 형태를 고려해 볼 수 있는데 **베지클**을 사용한 방법도 그중한 가지이다. 베지클 안에 항암제를 넣어 환자에게 투여하는 방법인데 이것만으로는 해당 베지클이 암세포에 먼저 전달되지 않는다. 따라서 안테나가 필요하다.

안테나로는 암 항체를 사용한다. 암 항체를 베지클 분자막에 심는 방식이다. 안테나가 달린 베지클은 몸 안에 들어가면 항체에 이끌려 암세포에 먼저 도달하게 되고 거기서 항암제를 방출해 암세포를 공격한다.

아래 그래프는 항체가 있는 베지클과 항체가 없는 베지클에 항암제를 넣어 그 효과를 측정한 결과다. 항체가 없는 베지클에 비해 항체가 있는 베지클이 뚜렷하게 좋은 결과를 나타낸다. 아직은 실험 사례이지만, 향후 임상에서도 좋은 결과를 기대해 볼 만하다.

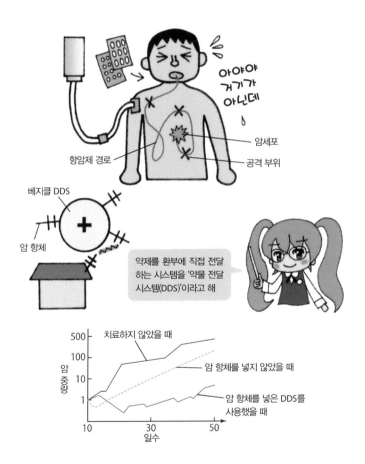

5-9 · 항암제로 사용하는 유기화합물

앞 챕터에서는 베지클이 항암제 운반 역할을 한다고 이야기했다면 이번에는 베지클이 항암제 그 자체가 되는 사례에 관해 설명하겠다.

① 항암제

5-7의 세포막 그림(p.101)을 다시 한번 살펴보자. 세포막에 들어 있는 단백질 주변에 경계 지질이라는 물질이 있다. 경계 지질은 단백질과 특별히 친화성이 좋다.

이에, 베지클의 2분자막에 경계 지질을 넣어 암세포 근처에 둔다. 그러면 암세포의 막 단백질이 베지클로 이동하게 된다.

생명체에게 단백질의 역할은 그저 식사로 섭취하는 고기와는 별개다. 효소로써 생화학 반응을 지배하고 DNA와 RNA의 활동 무대로써 유전 형질 발현을 돕는 등 생명 활동의 중요한 역할을 맡고 있다. 이를 잃은 세포에게 살아갈 방법은 없다. 암세포는 사멸하며 암은 박멸된다.

다음 페이지에 경계 지질의 양(농도)을 변화시켰을 경우의 단백질 이동량과 암세포 생존율을 표로 나타냈다. 단백질이 이동하면 암이 사멸되어 가는 모습을 알 수 있다.

② 백신

위 사례에서 막 단백질이 이동해 온 베지클을 살펴보자. 베지클은 세포막 유사체이지 세포는 아니다. 하지만 이 베지클은 암세포의 막 단백질을 가지고 있으므로 암세포의 형질 일부를 가지고 있다고 볼 수 있다.

이는 독성이 없는 암세포와 같으며 백신에 사용할 가능성을 지닌 물질이다. 그래프에는 실제로 백신을 사용했을 때의 성적이다. 인공 백신 효과를 분명히 알 수 있다.

현재 백신은 동물이나 달걀을 사용했기에 면역 반응을 완전히 막기는 어렵다. 따라서 불행한 사고 사례가 끊이지 않는다. 여기서 소개한 인공 백신이 개발된다면 이러한 사고도 막을 수 있을 것이다.

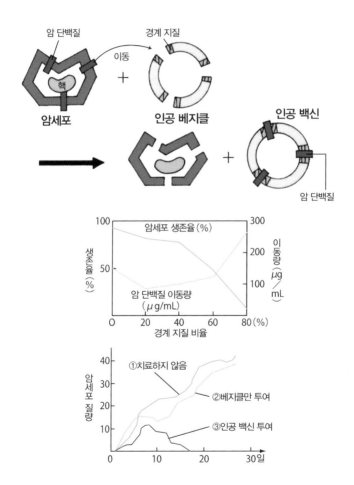

유연성 결정

아래 표를 보면 결정은 위치와 배향 모두 규칙성을 가지고 있다. 이에 비해 액체는 둘 다 규칙성이 없다. 그렇다면 결정과 액체 중간에는 2가지 상태가 있을 것이다. ①위치 규칙성을 잃고 배향 규칙성을 지닌 상태와 ②위치 규칙성을 지니고 배향 규칙성을 잃은 상태이다.

액정은 이 중 ① 상태에 해당한다. 그렇다면 ②는 어떤 상태일까? 이 상태도 실제로 존재하는 상태이며 유연성 결정이라고 불린다. 액정을 시냇물의 송사리에 비유했듯이 유연성 결정을 비유해 보자면 풍향계 집단이라고 할 수 있다. 위치는 지면이나 지붕에 고정되어 있지만, 바람이 없을 때는 서로 전혀 다른 방향을 바라보고 있다.

액정은 액정 디스플레이로 사용되며 현대 과학의 필수품으로 등극했지만, 50년 전까지는 활용 방법이 없었다. 유연성 결정은 현재 이렇다 할 활용방법을 찾지 못 한 상태이다. 하지만 당장 내일 깜짝 놀랄만한 용도가 개발될지도 모른다. 재료나 소재 세계에서는 이렇듯 활용 방안을 찾지 못 해 잠들어 있는 것이 많다. 이들이 빛을 볼 수 있도록 노력이 필요하다.

상태		결정	액정	유연성 결정	액체
규칙성	위치	○	×	○	×
	배향	○	○	×	×
배열 모식도					

제6장

초분자의 기능

원자가 모여서 결합하면 분자가 된다. 분자도 모이면 더욱 고차원의 구조체를 만들 수 있다. 이를 초분자라고 한다. DNA는 두 개의 DNA 분자 사슬이 겹쳐 이중 나선 구조를 형성하고 있으며 전형적인 초분자이다. 초분자를 사용하면 분자 하나가 기계가 되는 단일 분자 기계도 만들 수 있게 된다.

원자는 결합해서 분자라는 구조체가 된다. 마찬가지로 분자도 결합해 더욱 고차원의 구조체를 만들 수 있다. 이를 분자를 넘어선 분자라는 의미로 초분자라고 한다.

① 초분자와 고분자

초분자는 작은 단위 분자가 모여 만들어진 구조체로 비슷한 물질로는 고분자(플라스틱)가 있다. 초분자와 고분자의 차이는 단위 분자의 결합에 있다. 고분자는 '공유 결합'으로 결합한다. 이 결합의 힘이 매우 강력해서 한번 고분자가 된 단위 분자는 다시 단위 분자로 돌아가기가 쉽지 않다. 불가능한 때도 있다.

이에 비해 초분자는 '분자간력'이라는 약한 인력으로 결합한다. 따라서 초분자를 구성하는 단위 분자는 이따금 초분자에서 빠져나와 단독 행동을 할 때도 있다.

초분자는 합체형 로봇에 비유할 수 있다. 합체형 로봇은 탱크나 전투기 등의 각각 독립된 병기가 합체해 만들어진 전투 로봇이며 그 능력은 각각의 병기를 웃돈다. 하지만 전투가 끝나면 다시 원래 모습인 탱크나 전투기로 돌아간다.

② 초분자의 예시

초분자의 사례는 많지만, 지금까지 살펴본 물질 중에서는 액정 및 분자막이 초분자의 예시이다. 미셀이나 베지클은 상당히 복잡한 초분자라고 할 수 있다.

초분자는 특히 생체 및 생명 화학에서 많이 찾아볼 수 있다. 세포막은 분자막이므로 초분자의 예시 중 하나다. DNA는 이중 나선 구조로 유명한데, DNA에는 2개의 아주 긴 DNA 분자 사슬이 서로 정확하게 결합하면서 만들어진 구조체이며 전형적인 초분자이다.

혈액 속에서 산소 운반을 담당하는 복합 단백질인 헤모글로빈의 경우 8-1(p.160)에서 다시 설명하겠지만, 초분자가 모여 더욱 고차원의 초분자가 되는 몇 겹으로 중합된 초분자이다.

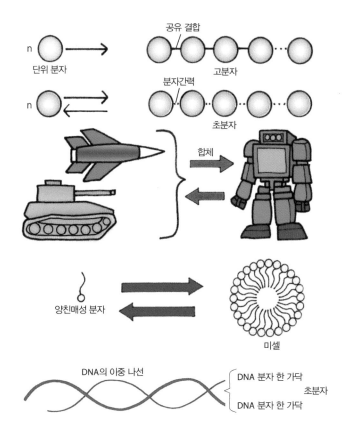

· 해수에서 금을 채취하는 유기화합물

크라운 에터는 인공적으로 만들어 낸 최초의 초분자라고 할 수 있다. 여기서 쓰인 크라운의 뜻은 왕관이다.

① 금속 이온의 선택적 포획

자원 고갈 문제가 날로 심각해지고 있다. 화석 연료뿐 아니라 원자로의 연료인 우라늄도 가채 매장량이 60년 정도라고 한다. 하지만 우라늄 외에도 수많은 금속 자원은 바닷속에 잠들어 있다. 이를 회수할 수는 없을까? 이런 목적하에 주목받고 있는 물질이 크라운 에터다.

② 크라운 에터의 구조

에터는 2개의 원자단이 산소와 결합한 물질이다. 이러한 에터 부분이 여러 개 연속해서 고리 모양으로 이루어지면 일반적으로 **고리형 에터**라고 한다. 크라운 에터는 고리형 에터의 하나이며 고리의 크기에 따라 종류는 다양해진다. 크라운 에터는 그 입체 구조가 왕관(크라운)과 닮아서 붙여진 명칭이다.

③ 크라운 에터의 기능

원자는 전자를 끌어당기는 힘이 있는데 이 힘의 크기의 정도를 나타낸 개념을 일반적으로 전기 **음성도**라고 부른다. 전기 음성도가 큰 원자일수록 전자를 끌어당겨 음극으로 하전하는 경향이 강해진다.

이러한 경향의 결과 에터 결합은 산소가 음극, 탄소가 양극으로 하전 된다. 여기에 양극으로 하전 된 금속 이온 Mn^+이 추가되면 어떻게 될까? 음극으로 하전 된 산소에 끌려서 크라운 에터의 고리 안에 들어오게 된다.

이온의 지름이 크라운 에터의 안지름보다 크다면 이온은 고리 안에 들어올 수 없어 결합은 약해진다. 반대로 너무 작아도 약해진다. 이런 식으로 크라운 에터의 안지름을 조절하면 수많은 금속 이온 중에서 알맞은 금속 이온만을 선별할 수 있다.

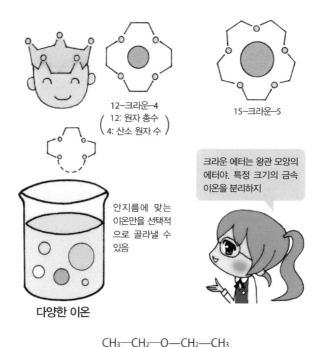

12-크라운-4
(12: 원자 총수)
(4: 산소 원자 수)

15-크라운-5

크라운 에터는 왕관 모양의 에터야. 특정 크기의 금속 이온을 분리하지

안지름에 맞는 이온만을 선택적으로 골라낼 수 있음

다양한 이온

$$CH_3—CH_2—O—CH_2—CH_3$$
다이에틸에터(에터)

고추냉이(와사비)의 향은 휘발성이 높아 금세 휘발되어 사라진다. 이 향이 휘발되지 않도록 가둬 두는 물질도 초분자이다.

① 고추냉이의 향

간장과 고추냉이가 없는 회와 초밥은 상상하기 어렵다. 고추냉이를 제대로 즐기려면 먹기 전에 바로 가는 것이 최고다. 상어 가죽 강판[2]을 사용해 고추냉이를 갈고 작은 그릇에 옮긴 후 뚜껑을 덮고 몇 분 기다린다. 번거롭지만, 모두 화학적으로 근거가 있다.

고추냉이의 향은 **알릴아이소싸이오사이아네이트**(이후 알릴)라는 물질에서 나는데 갓 간 고추냉이에서는 **시니그린**이라는 다른 물질이 나온다. 이 시니그린이 알릴이 되기 위해서는 **미로시나아제**라는 효소가 필요하지만, 이 효소는 시니그린과 다른 세포에 존재한다.

따라서 두 물질을 만나게 하려고 세포를 곱게 갈려면 돌기가 촘촘한 상어 가죽이 제격이며 잠시 기다리는 이유는 효소가 분해하기를 기다리기 위함이다. 또한 뚜껑을 덮는 이유는 휘발되기 쉬운 알릴을 놓치지 않기 위한 행위이다.

② 고추냉이 초분자

이제 드디어 본론으로 들어가 보겠다. 튜브에 든 고추냉이에는 **사이클로 덱스트린**이 포함되어 있다. 이 물질은 포도당 6~8개가 고리 형태로 연결된 물질이며 양동이 같은 형태이다. 이 안에 알릴이 들어가 초분자를 구성하게 된다.

---

2 최근에는 위생 등의 문제로 스테인리스 강판으로 대체

이렇게 되면 잘 휘발되고 분해되는 알릴도 양동이에서 나오기가 어렵기 때문에 덜 휘발되고 이에 더해 양동이의 보호를 받아 다른 분자의 공격도 덜 받게 되므로 분해도 덜 되는 셈이다.

사이클로덱스트린은 소취제에도 포함되어 있다. 향기 분자를 사이클로덱스트린에 담아 분사하면 향기 성분이 방출되는 대신 악취 성분이 들어오게 된다. 사이클로덱스트린에 대한 친화성의 차이를 이용한 방법이다.

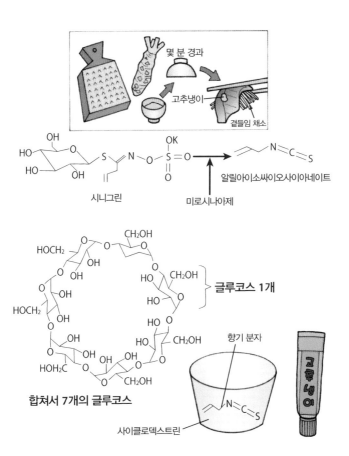

몇 분 경과

고추냉이

곁들임 채소

시니그린

미로시나아제

알릴아이소싸이오사이아네이트

CH₂OH

글루코스 1개

합쳐서 7개의 글루코스

향기 분자

사이클로덱스트린

· 피부를 만드는 유기화합물

최근 갓 개발된 초분자이지만 가까운 미래에 인공 피부 등에 응용될 수 있는 물질을 소개하겠다.

① 아쿠아 머티리얼

아쿠아 머티리얼(수성 물질)이라고 불리는 이 물질의 원료는 ①고흡수성 고분자, ②고순도 점토, 그리고 ③바인더라고 불리는 신개발 물질이다. 여기에 ④물을 첨가한다.

물을 제외한 ①~③의 원료를 혼합하면 이들이 섞이면서 다음 페이지의 그림처럼 초분자 구조를 만들고 이 물질이 물을 흡수해 무색투명한 젤리 같은 물질이 완성된다. 이 물질은 중량의 95% 이상이 물이며 거의 곤약과 비슷한 정도의 함수량이다.

아쿠아 머티리얼은 다음 3가지의 장점이 있다.

❶ 첫 번째는 단단함이다. 곤약의 500배 정도의 경도를 가진다. 따라서 다양한 구조체로 사용할 수 있다.

❷ 두 번째는 자기 수복성이다. 아쿠아 머티리얼로 만든 물체를 반으로 가른 후 절단면을 맞닿게 해서 방치하면 어느샌가 하나로 합쳐져 있다. 상처가 아무는 모습과 같다.

❸ 세 번째는 자기 재현성이다. 즉 아쿠아 머티리얼에 한계치 이상의 힘을 가하면 파괴되어 액체 상태가 된다. 젤리를 격하게 흔들면 액체 상태가 되는 것과 같은 현상이다. 하지만 몇 분 후에는 다시 원래 아쿠아 머티리얼로 돌아온다. 그리고 이 상호 변화를 몇 번이고 반복할 수 있다.

② 아쿠아 머티리얼의 용도

아쿠아 머티리얼은 개발된 지 얼마 안 된 물질이므로 용도는 앞으로 연구하기 나름이다. 하지만 자기 수복성과 자기 재현성을 고려하면 인공 피부로 응용될 수 있지 않을까? 또한 자동차에 부착하면 마치 동물의 피부처럼 충돌해도 흠집이 나지 않으며 흠집이 나더라도 시간이 지나면 '치유'되는 '연체 자동차'가 될 수도 있다. 또는 건물 외벽에 부착하면 화재가 일어났을 시에 물을 뱉어내서 스스로 불을 끄는 '소화(消火) 건물'도 생각해 볼 만하다.

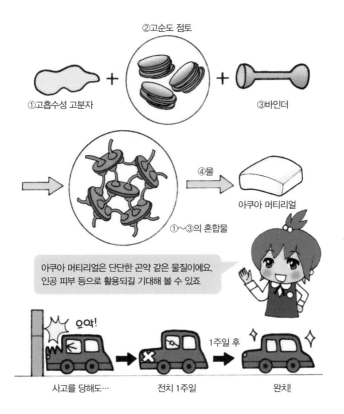

②고순도 점토

①고흡수성 고분자

③바인더

④물

아쿠아 머티리얼

①~③의 혼합물

아쿠아 머티리얼은 단단한 곤약 같은 물질이에요. 인공 피부 등으로 활용되길 기대해 볼 수 있죠

으악!

1주일 후

사고를 당해도…

전치 1주일

완치!

초분자의 진짜 실력은 분자 1개로 만들어진 기계인 분자 기계의 설계 및 제작에서 발휘된다. 화학 분야의 조립식 장난감 만들기라고 할 수 있다.

① 분자 셔틀

다음 페이지에 분자로 만든 셔틀을 그렸다. 고리형 화합물을 긴 분자가 관통했고 긴 분자의 양 끝에는 고리형 분자가 빠지지 않도록 커다란 원자단이 자리하고 있다. 이 분자의 경우 고리형 분자가 열에너지로 인해 좌우 왕복 운동을 하게 된다.

② 분자 핀셋

2개의 크라운 에터 부분을 중앙에 있는 N=N 결합으로 연결한다. A는 2개의 고리가 N=N 결합 반대편에 있어 트랜스형이라고 부른다. 하지만 여기에 자외선을 조사하면 N=N 결합과 같은 위치로 이동한 시스형이 된다. 시스형은 앞에서 살펴본 2개의 크라운 에터 사이에 금속 이온을 끼울 수 있게 된다.

③ 분자 자동차

다음 페이지 그림은 하나의 분자로 만들어진 자동차이다. 분자가 1개이므로 엄밀히 말하면 초분자가 아니라고 할 수도 있지만, 여러 부품 분자로 이루어졌다는 의미에서 초분자에 포함된다.

이 분자의 경우 자동차 바퀴 부분은 C_{60}-풀러렌, 샤프트는 회전할 수 있는 단결합과 삼중 결합으로 이루어져 있다. 이 분자는 마치 자동차처럼 금 표면을 이동하는데 이 움직임이 '샤프트의 회전' 때문인지 단순히 '미끄러

짐' 때문인지를 판단해야 한다.

전자현미경으로 확인한 결과 이 분자는 4개의 지점이 조합된 것으로 보였지만, ①4개의 지점의 가운데를 중심으로 한 회전 운동과 ②4개의 지점 중 긴 축의 수직 **방향으로** 이동만 있었다. ①은 4개의 바퀴가 동조해서 일어난 회전 운동이며 ②는 바퀴의 회전 방향으로 일어난 이동이므로 모두 바퀴가 움직여서 이동했음을 알 수 있었다.

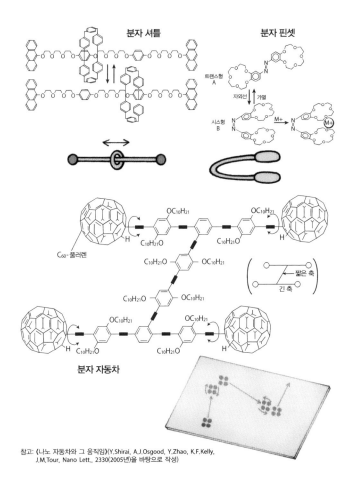

참고: 《나노 자동차와 그 움직임》(Y.Shirai, A.J.Osgood, Y.Zhao, K.F.Kelly, J.M.Tour, Nano Lett., 2330(2005년)을 바탕으로 작성)

· 초전도체가 되는 유기화합물

예전에는 유기물은 전기가 통하지 않는 물질로 여겼었다. 하지만 지금은 전도성 플라스틱을 당연하게 사용하고 더 나아가 초전도성을 가진 유기물까지 합성할 수 있게 되었다.

① 초전도성

전열기 전원을 켜면 니크롬선이 빨갛게 되면서 뜨거워진다. 다리미가 뜨거워지는 것도 같은 원리이며 백열전등에 손을 대면 화상을 입는 것과 같다. 이 현상들은 모두 전기 저항으로 발생한 발열 현상이다. 가령 전기 전도율이 가장 높은 은일지언정 물질이라면 전기 저항을 가지며 전류를 흘려보내면 크든 작든 발열한다.

하지만 어떤 금속을 절대 0도(0K)에 가깝게 극저온으로 만들면 갑자기 전기 저항이 0이 된다는 사실을 발견했다. 이 현상을 초전도라고 하며 이 온도를 임계 온도라고 한다. 초전도는 하이테크에 속하는 기술이므로 직접 볼 일은 없지만, 초전도체의 혜택은 다양한 곳에서 활용된다.

예를 들어 MRI는 초전도성을 가진 초전도 자석을 사용한 기구이며 초전도 자석의 반발력으로 차체가 뜬 상태로 달리는 자기부상열차도 그중 하나이다.

② 유기 초전도체

초전도 현상을 일으킬 수 있는 물질은 수은 Hg이나 나이오븀 Nb 등의 금속만 가능하다고 생각했었으나 이론적으로 생각하면 유기물도 초전도성을 가질 가능성이 있어 실제로 그러한 화합물을 합성하는 시도가 있었다.

역사적으로 유명한 물질은 TTF-TCNQ라는 2종류의 유기물을 1:1로 혼합한 결정이다. 실제로 이 합성 화합물은 금속에 버금가는 전도도를 보였지만, 아쉽게도 초전도성까지는 이르지 못 했다. 하지만 그 후 여러 개량이 이루어져 현재는 수십 종류의 유기 초전도체가 개발되고 있다. 향후 임계 온도가 액체 질소 온도(-196℃)보다 높은 물질이 개발되기를 기대하고 있다.

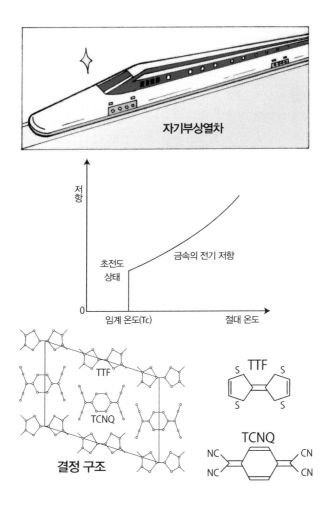

철은 자석에 붙지만, 알루미늄은 자석에 붙지 않는다. 하물며 유기물이 자석에 붙을 리가 없다는 것이 상식이었다. 그런데 유기 전도체의 발견(발명?)과 마찬가지로 이 분야에서도 상식이 뒤집혔다.

① 자성

최대한 단순하게 설명하면 자석이 되는 물질이나 자석에 붙는 물질은 자성체이며 자성을 가진다. 반대로 자석이 되지 않고 붙지도 않는 물질은 비자성체이며 자성이 없다.

전자기학이 가르치는 바에 따르면 하전 입자가 회전하면 자성이 생긴다. 이에 따르면 전자는 하전 입자이며 게다가 자전하고 있으므로 전자는 자성을 가지게 된다. 이에 더해 모든 원자와 분자는 전자를 가지고 있으므로 모든 물질은 자성을 가지는 셈이 된다.

하지만 대부분의 물질은 자성이 없다. 이는 자성의 방향이 회전 방향에 따라 달라지기 때문이다. 즉 다음 페이지에 나타냈듯이 오른쪽 회전이라면 오른쪽으로 향하는 자성, 왼쪽 회전이라면 왼쪽으로 향하는 자성이 생긴다.

그리고 유기 분자를 구성하는 모든 전자는 좌우 회전의 두 가지 전자가 쌍을 이룬다. 그 결과 위와 아래를 향하는 자성이 상쇄되어 버려 자성이 나타나지 않는 것이다.

② 유기 자성체

위 설명을 반대로 생각해 보면 각각 독립한 전자를 가진 유기물을 만들면 자성이 나타난다는 것을 의미한다. 이러한 개념에 따라 자성을 가질 수 있는 온갖 유기물을 합성해 그 자성을 조사했다. 그 결과 대다수는 자성을 가지고 있으나 불안정해서 분리하기가 어려웠지만, 몇 가지는 결정으로 추출할 수 있음이 밝혀졌다.

이처럼 현재 유기물의 기능은 기존 유기물의 범위를 넘어 무기물이나 금속 기능에 이르거나 뛰어넘으려고 한다.

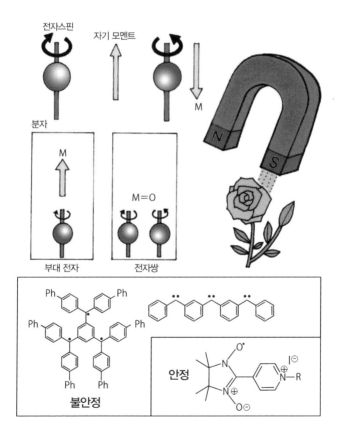

생체가 생명을 유지하기 위해서는 에너지가 필요하다. 그 에너지가 어디에서 올까? 바로 태양이다. 생체는 **태양 에너지**를 이용해서 생명 활동을 영위하고 있다.

1 태양 에너지 통조림

지구상의 생물계 중에서 태양 에너지를 최초로 이용한 생물은 식물이다. 식물은 물과 이산화탄소를 원료로 태양광을 에너지원으로 사용해 글루코스 등의 당류를 만든다. 이 일련의 반응을 **광합성**이라고 한다.

이 당류를 초식 동물이 섭취해 단백질로 삼고 또 초식 동물을 육식 동물이 섭취해 각각의 생명 에너지를 얻게 된다. 그러므로 식물이 만드는 당류는 태양 에너지 통조림이라고도 할 수 있다.

2 광합성

광합성은 클로로필에 의한 복잡하고 연속적인 화학 반응이며 이 과정을 해명하고 인공적으로 재현하기란 21세기 최대 연구 주제라고 불릴 정도로 매우 어렵다. 하지만 최근 들어 세균의 광합성 구조는 상당한 수준까지 밝혀졌다.

다음 페이지의 아래쪽 그림은 광합성 세균의 **광합성 반응** 모습이며 세포막 안에 들어있다. 반응 모습은 2개의 도넛 모양 구조체의 결합으로 보이는데 각각의 도넛은 여러 개의 클로로필의 집합체이다.

도넛은 마치 집광기와 같은 역할로 태양광을 흡수한다. 모든 도넛의 모든 클로로필이 광자를 받으면 그 에너지는 순차적으로 클로로필에 의해 옮겨져 **특수 쌍**(special pair, SP)이라고 불리는 한 쌍의 클로로필로 전달된다.

이 에너지를 사용해 P는 높은 에너지인 들뜬 상태가 되고 광화학 반응을 일으켜 최종적으로는 당류와 산소를 생산한다. 언젠가 인류가 이 구조를 공업적으로 복제할 수 있게 된다면 식량 문제도 에너지 문제도 모두 해결될 것이다.

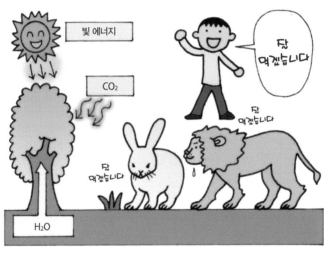

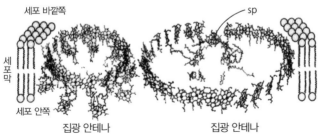

출처: PDB ID:1nkz; M.Z.Papiz, S.M.Prince, T.howard, R.J.Cogdell, N.W.Isaacs, J.Mol.Biol., 326, 1523(2003년), PDB ID:1prc; J.Deisenhofer, O.Epp, I.Sinning, H.Michel, J.Mol.Biol., 246, 429(1995년), PDB ID:1pyh; A.W.Roszak, T.D.Howard, J.Southhall, A.T.Gardiner, C.J.Law, N. W.Isaacs, R.J.Cogdell, Sciense, 302, 1969(1969(2003)년)

20세기 막바지에 접어들었을 무렵, 한 무리의 탄소 화합물이 발견되었다. 탄소 클러스터라고 불리는 이 물질은 근미래의 중요한 재료로 자리매김할 것이라 기대받고 있다.

① 풀러렌

탄소 클러스터는 탄소만으로 구성된 분자이며 그래파이트(흑연)와 같은 종류의 분자라고 할 수 있다. 클러스터에는 풀러렌류와 카본나노튜브류의 2종류가 있다. 모두 탄소 전극 사이에서 아크 방전이 일어났을 때 발생하는 검댕 안에 존재한다.

풀러렌은 구형 또는 회전 타원체형이며 가장 잘 알려진 C_{60}-풀러렌은 탄소 60개로 이루어진 구형 분자이다. C_{60}-풀러렌은 6-5(p.116)에서 살펴봤듯이 초분자 화학 세계에서는 꼭 필요한 구조재이다.

또한 유기 초전도체 세계에서도 중요하며 특히 브로모포름 $CHBr_3$과의 혼정은 유기 초전도체로써 처음으로 임계 온도가 질소의 끓는점인 77K를 넘어선 고온 초전도체이다. 이에 더해 3-9(p.64)에서 설명했듯, 유기 태양 전지에서도 중요한 역할을 한다.

② 카본나노튜브

카본나노튜브는 긴 튜브형 물질이다. 양 끝은 닫혀 있는 경우가 많지만, 열려있기도 하다. 또한 한 겹이 아니라 안쪽에 몇 겹의 튜브가 들어간 다층 튜브도 있다.

카본나노튜브는 유기 반도체 등으로 전자기기에 활용하는 방법 외에도 구조 재료로써도 기대받고 있다. 우주 정거장은 우주선에 탑승하는 우주인의 물자 수송에 의존하지만, 이를 엘리베이터로 대신하려는 구상이 진행 중이다. 즉 우주 엘리베이터다. 이 우주 엘리베이터의 축으로 사용하고자 카본나노튜브를 적당한 고분자로 침윤한 복합 재료를 만들려는 아이디어다. 인류의 꿈은 얼마든지 넓어질 수 있다.

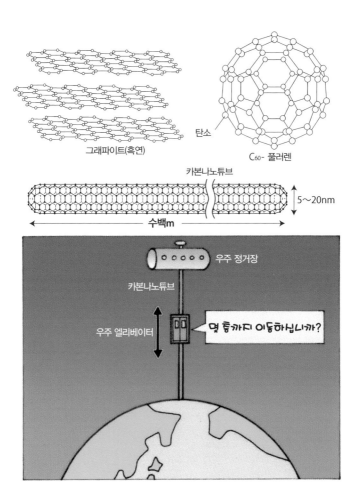

그래파이트(흑연)

탄소

C₆₀- 풀러렌

카본나노튜브

5~20nm

수백m

우주 정거장

카본나노튜브

우주 엘리베이터

몇 층까지 이동하십니까?

생체를 구성하는 물질

생체는 유기물로 만들어졌다고 생각해 왔다. 물론 틀린 말은 아니다. 하지만 유기물에는 다양한 종류가 있다. 유기물을 세분화해보면 생체는 고분자와 초분자로 이루어졌다고 볼 수 있다.

식물의 세포 주변을 둘러싼 셀룰로스는 글루코스를 단위 분자로 한 고분자이며 세포 사이에는 마찬가지로 고분자 전분이 영양소로써 저장되어 있다. 또한 핵 안에는 유전을 관장하는 고분자 DNA가 있다. 동물의 몸을 구성하는 단백질은 아미노산을 단위 분자로 하는 고분자이다. 단백질은 효소로써 생체의 화학 반응을 지배한다.

세포를 감싼 세포막은 인지질이라는 단위 분자가 모인 분자막이며 초분자의 일종이다. DNA는 2개의 고분자가 모인 초분자이며 효소가 활동할 때 형성되는 복합체는 효소라는 고분자와 기질로 이루어진 초분자이다.

이렇듯 생체는 고분자로 구성된 초분자 구조로 이루어져 있다고 할 수 있다. 어쩌면 생체 그 자체가 복잡하고 정교하게 만들어진 장대한 초분자일 수도 있다.

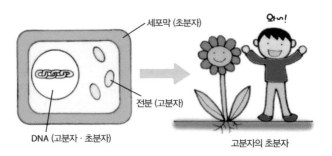

세포막 (초분자)

전분 (고분자)

DNA (고분자 · 초분자)

와~!

고분자의 초분자

제7장

유기화합물의 의외의 기능

분자의 기능은 다채롭다. 너무 의외여서 깜짝 놀랄만한 기능도 있다. 폭발은 유기 분자가 가진 중요한 기능이다. 이 기능 덕분에 댐 건설 등 대규모 토목 공사가 가능하다. 접착도 중요한 기능이다. 우주선의 내열 타일을 기체에 고정하는 데 사용하는 것도 접착제다. 이 외에도 냄새를 없애거나 몸을 따뜻하게 만드는 등 수많은 기능을 가진다.

폭발하는 유기화합물: 재래식 폭약

화학 물질은 여러 기능을 가지지만, 그중에서는 독성, 폭발성 등의 위험한 기능도 있다. 하지만 독성도 폭발성도 사용 방법에 따라서는 유익하기도 하다. 다이너마이트 없는 대형 댐 건설 등은 상상하기 어렵다. 자동차의 에어백도 화약으로 팽창하며 빌딩 해체도 화약으로 이루어진다. 화약은 위험하기만 한 것이 아니라, 유용한 물질이다.

① 트라이나이트로톨루엔

대표적인 화약으로는 트라이나이트로톨루엔이 있다.

Tri-Nitro-Toluene의 앞 글자를 따서 TNT라고도 부른다. 구조는 다음 페이지에 기재했는데 톨루엔에 3개(TRI)의 나이트로기(NO_2)가 붙어 있어 붙여진 명칭이다.

폭발은 급격한 연소라고 볼 수도 있지만, 급격한 연소가 일어나기 위해서는 단시간에 충분한 산소를 공급해야만 한다. 그런 점을 생각하면 나이트로기는 산소를 2개 가지고 있으므로 폭약에 흔히 사용하는 치환기이다.

격렬한 폭발력을 가진 이 노란색 결정은 폭탄 등 병기로써 대량으로 사용해 왔다. 화약 폭발력의 표준으로 사용되며 원자폭탄이나 수소폭탄의 폭발력을 나타내는 메가톤은 같은 폭발력을 내기 위해 사용되는 TNT의 양(백만 톤 단위)을 나타낸다.

② 다이너마이트

유지를 가수분해하면 글리세린과 지방산이 된다. 나이트로글리세린은 이 글리세린에 질산과 황산을 작용시켜 얻을 수 있는 액체 폭약이다. 단 불안정해서 작은 자극으로도 폭발하기 때문에 실용화로는 이어지지 않았다.

이 문제를 개량한 사람이 그 노벨상의 노벨이다. 노벨은 규조토라는 화석에 나이트로글리세린을 흡착시키면 안정하고 쉽게 폭발하지 않는 데다 신관(信管)을 사용하면 나이트로글리세린과 동일한 폭발력을 가진다는 점을 발견했고 이를 다이너마이트라고 명명했다. 이후 다이너마이트가 전 세계 토목 공사 및 광산 굴착에 얼마나 공헌했는지는 굳이 설명하지 않아도 될 것이다.

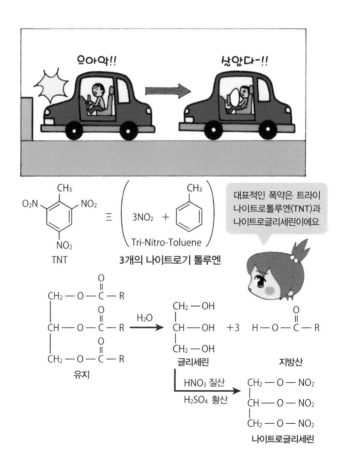

폭발하는 유기화합물: 신형 폭약

폭약은 계속 진화해 여러 신형 폭약이 개발되었다.

1 플라스틱 폭약

플라스틱 폭탄은 이름 그대로 플라스틱이나 점토처럼 가소성 성질을 가지고 있어 어떤 형태로든 만들 수 있다. 폭발력은 크지만, 안정적이며 진동이나 충격으로 폭발하지는 않는다. 폭발시키기 위해서는 신관을 사용하지만, 불필요해졌을 때 불을 붙이면 폭발하지 않고 타버리므로 다루기 쉽다.

플라스틱 폭탄은 단일 성분이 아닌 다양한 폭약의 혼합물이며 TNT, 옥토겐, 헥소겐 등을 액체 왁스로 빚어서 만든다.

2 액체 폭탄

항공기에 액체 반입이 금지된 이유는 액체 폭약 반입 방지 때문이다. 액체 폭약이란 말 그대로 액체 상태의 폭약으로 나이트로글리세린 등이 이에 해당하는데 사실 일반적인 **액체 폭탄**은 다른 방식으로 만든다. 고체 폭약을 적절한 용매로 녹여서 액체로 만들어 신관으로 폭발시킨다.

구체적으로 언급할 수는 없지만, 동네 도료 판매점에서 파는 액체와 동네 약국에서 파는 흔한 약제를 커피 믹스를 섞듯이 휘저으면 폭약이 완성되는 대단히 쉽고 무서운 폭약이다.

3 신형 분자

완전히 새로운 분자 구조의 폭약도 다수 개발 및 합성되고 있다. 옥토겐이나 헥소겐도 그중 하나이다. 둘 다 **나이트로기** NO_2를 가진 이유는 앞 챕터에서 설명한 바 있다. 한편 HNHAIW, TNTH는 케이지 형태 구조이다.

이러한 구조는 입체적으로 유지하기에 무리가 있어 분해하기 쉬우며 분해될 때 대량의 뒤틀림 에너지를 개방해 폭발력을 높일 수 있다.

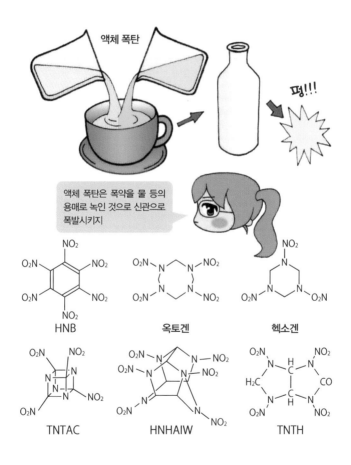

화재를 막는 유기화합물

화재는 모든 것을 무(無)로 만든다. 화재는 스스로 조심한다 해도 주변의 불길이 번져 피해를 보기도 한다. 이러한 일을 방지하는 기능을 가진 유기물이 있다.

① 소화제

방화의 기본은 개인이 화재를 일으키지 않는 것이다. 하지만 불은 일상적으로 다룬다. 언제 내가 화재의 원인 제공자가 될지도 모를 일이다. 그래서 소화제(消火劑)가 필요하다.

본격적인 소화제는 대부분 무기(無機) 시약을 사용했지만, 유기물을 사용한 간단하고 유효한 소화제를 소개하겠다. 튀김 요리 화재 대비용으로 개발된 소화제로 플라스틱 조화 모양의 소화제이다. 뜨거운 기름이 들어 있는 냄비에서 불이 나면 바로 이 조화를 냄비에 던져 넣으면 된다. 그러면 조화 안에 든 탄산칼륨 K_2CO_3 수용액이 작용해 식용유를 비누화시켜, 고체 비누로 만들어 버린다. 플라스틱 부분은 녹아서 퍼지게 되어 기름과 물이 만나서 폭발하지 않도록 격리하는 역할을 한다.

② 내화 도료

아무리 조심한다 해도 주변에서 난 불이 퍼질 수 있다. 이럴 때 **내화 도료**가 도움을 줄 수 있다. 내화 도료는 주로 철골이 열로 변형되지 않도록 철골 표면에 단열막을 만들어 보호하기 위해 쓰인다.

내화 도료는 열가소성 수지 도료에 열로 거품을 내는 발포제와 마찬가지로 열로 탄화하는 탄화제가 혼합되어 있다. 이 내화 도료를 철골의 녹막이 도료와 그 위에 덧바르는 마감 도료 사이에 2mm 정도 두께로 바른다.

화재가 번져 주변이 뜨거워지면 열가소성 수지 도료가 부드러워지고 그다음으로 발포제가 거품을 만들게 되는데 체적이 50배가량 부풀어 올라 발포 스티로폼 같은 상태가 된다. 즉 단열재 역할을 맡아 철골에 열이 전달되지 않게 한다. 그다음은 거품 표면에 흩뿌려진 탄화제가 탄화해 도료가 잘 타지 않도록 한다.

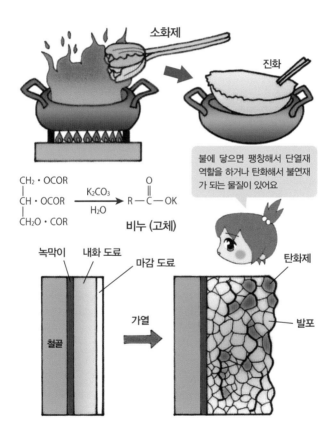

냄비가 타지 않도록 하는 유기화합물

예전의 주부들은 여러 집안일 분야에서 숙련된 실력을 뽐낼 수 있었으니 보람이 있었을 것이다. 하지만 최근에는 집안일을 갓 배운 사람이더라도 그 럭저럭 잘 해낼 수 있다. 그렇게 될 수 있도록 도움을 준 도구 중 하나가 프 라이팬이다. 프라이팬을 태우지 않고 요리하기 위해서는 기름을 먹이거나 하는 번거로운 과정이 필요했었다. 하지만 요새는 프라이팬을 태우기란 쉽 지 않은 일이다.

① 테플론

이는 **테플론** 덕분이다. 테플론을 표면에 바른 프라이팬은 잘 눌어붙지 않으며 표면이 코팅되어 미끄러진다. 이 때문에 눌어붙지 않아 프라이팬 표 면은 항상 매끄럽고 광이 난다.

테플론은 미국 듀폰사의 상표이며 화학적으로 **폴리테트라플루오로에틸 렌**으로 이는 **폴리에틸렌**의 모든 수소 H를 불소 F로 치환한 물질이다.

테플론 자체는 유해성이 없지만, 고온으로 가열하면 **과불화옥탄산**이라 는 화합물이 발생해 유해할 수 있다. 편리함에는 대가가 따르는 법이다.

② 프레온

불소가 결합한 화합물로 유명한 물질은 **프레온**이다. 프레온은 탄소 골격 에 불소와 염소가 결합한 화합물로 그 종류도 다양하다. 대부분은 화학적으 로 안정하며 끓는점이 낮고 무해하다(적어도 개발 초에는 그렇게 생각했던 것으로 보인다). 그래서 정밀 전자 소자의 세척, 에어컨 냉매, 스프레이 분 무제로서 대량으로 사용되어 환경에 방출되었다.

그 결과가 남극 상공에 나타난 오존홀이며 오존홀에서 침투한 자외선이

나 고에너지 전자파의 영향으로 피부암과 백내장이 증가했다. 이는 프레온이 고공의 자외선으로 분해될 때 발생한 염소가 오존층의 오존 O_3을 파괴했기 때문이다.

테플론은 마찰 계수가 작아, 요리할 때 눌어붙지 않아

$CF_3 — CF_2 — CF_2 \cdots\cdots CF_3$ $(CH_3 — CH_2 — CH_2 \cdots\cdots CH_3)$

테플론   **폴리에틸렌**

$CF_3 — CF_2 — CF_2 — CF_2 — CF_2 — CF_2 — CF_2 — C\begin{smallmatrix} O \\ OH \end{smallmatrix}$

과불화옥탄산

우주선(宇宙線)

오존층

물질	화학식	끓는점(℃)
프레온11	CCl_3F	23.8
프레온12	CCl_2F_2	−30.0
프레온113	$CClF_2CCl_2F$	47.6
프레온114	$CClF_2CClF_2$	3.8
프레온115	$CClF_2CF_3$	−39.1

7-5 접착하는 유기화합물: 순간접착제

접착제는 계속 진화하고 있다. 예전에는 천연 고분자를 사용했지만, 현재는 대부분이 합성 고분자이다.

① 전통적인 접착제

재래식 접착제는 풀이었으며 일반적으로 쌀이나 보리의 전분을 끓여서 만들었다. 강력한 접착력이 필요할 때는 동물의 힘줄 등을 고아서 만든 아교를 사용했다. 아교 중에는 민어 부레를 사용한 것도 있는데 접착력이 강력하다고 한다. 화학적으로 말하면 천연 고분자 콜로이드 수용액이다.

과거에는 접착 대상이라 해 봤자 종이나 목재였지만, 현대에 와서는 우주선의 내열 타일을 접착제로 고정하기에 이르렀다. 풀이 활약할 무대는 사라졌다.

② 접착의 원리

접착은 주로 2가지의 원리로 작용한다. 하나는 앵커(투묘, 投錨) 효과이며 하나는 화학적 결합이다. 앵커 효과는 접착 물질 표면의 미세한 구멍에 액체 상태의 접착제가 침투해 고체화함으로써 두 물질을 접착하는 방법이다.

화학적 결합은 접착제가 접착 물질에 '분자간력'으로 결합해 접착하는 방법이다. 실제로는 이 2가지 원리가 동시에 작용해서 접착한다고 볼 수 있다.

③ 순간접착제

접착제는 천연·합성 모두 대부분이 고분자이다. 그중에서도 접착에 필요한 시간이 짧으며 이에 더해 강력한 접착력이 있는 **순간접착제**가 있다. 순간접착제는 사용하기 전까지는 고분자가 아니며 단위 분자 상태로 튜브에 들어 있다. 하지만 튜브를 짜서 접착 물질 표면에 닿자마자 고분자화가 진행된다.

즉 공중에 떠도는 1개의 물 분자가 단위 분자를 공격하면 이를 계기로 순차적으로 연쇄 반응이 이루어져, 눈 깜짝할 사이에 고분자가 되어 접착하게 된다.

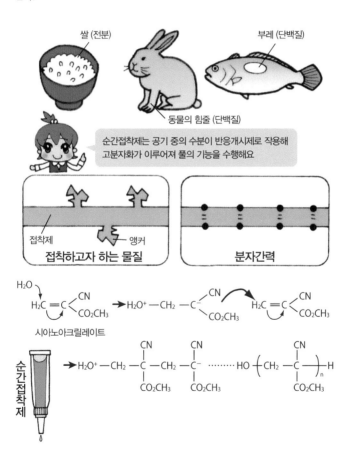

쌀 (전분)

부레 (단백질)

동물의 힘줄 (단백질)

순간접착제는 공기 중의 수분이 반응개시제로 작용해 고분자화가 이루어져 풀의 기능을 수행해요

접착제　앵커

접착하고자 하는 물질

분자간력

시아노아크릴레이트

순간접착제

접착하는 유기화합물: 가열 접착제

요즘은 웬만한 곳에 플라스틱이 사용되고 있으며 이 **플라스틱**을 고정하기 위한 접착제도 존재한다. 가구 표면의 상판은 대개 합판에 목재 문양이 들어간 비닐 시트지를 부착해 제작한다. 합판 자체가 얇은 나뭇조각을 접착한 것이다. 현대 사회는 접착제 없이 살기란 어렵다.

① 목공 본드

목재나 천, 종이를 접착할 때 일상적으로 사용하는 편리한 접착제 중에 하얀 액체 형태의 목공 본드가 있다. 폴리비닐아세테이트라는 플라스틱 미립자를 물에 현탁한 것이다. 접착 후 물이 증발하면 플라스틱 미립자가 서로 유착해서 접착된다.

편리하고 간편한 접착제이지만, 물을 포함하고 있으므로 목재나 종이에 사용하면 팽창하고 접착 후에도 물에는 취약한 등 단점도 있다.

② 핫멜트형 접착제

핫멜트형 접착제는 고체형 플라스틱 형태이다. 접착하고자 하는 물질 사이에 놓고 가열하면 고체가 녹으면서 고분자화가 진행되어 접착한다.

열경화성 수지를 사용했으며 합판 등을 접착할 때는 그중 **페놀 수지**를 주로 사용한다. 페놀 수지는 내수성이 있어 목재뿐 아니라 유리 또는 금속 등 다양한 물질을 접착할 수 있다. 하지만 앞서 언급했듯 폼알데하이드를 포함하고 있어 새집 증후군을 일으킬 가능성이 있다는 문제가 있다.

③ 2형 혼합형

사용 직전에 A와 B의 2액을 혼합해 사용하는 형태의 접착제이다. 에폭시 수지를 사용하는 경우가 많다. 2종류의 단위 분자가 교대로 결합해 고분자가 된다. 접착력이 강하고 접착 후에도 강력한 접착력을 유지하지만, 가정에서 사용하기에는 조작이 번거롭다는 점이 단점이다.

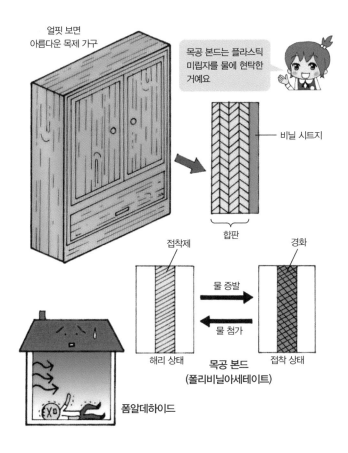

얼핏 보면
아름다운 목제 가구

목공 본드는 플라스틱
미립자를 물에 현탁한
거예요

비닐 시트지

합판

접착제

경화

물 증발

물 첨가

해리 상태

목공 본드
(폴리비닐아세테이트)

접착 상태

폼알데하이드

현대는 정보사회이다. 대량의 정보를 얼마나 빠르게 전송하느냐에 따라 비즈니스 기회가 좌우되기도 한다. 이러한 시대의 통신망으로써 활약하고 있는 것이 **광(光)통신**이다. 광통신은 기존 전기 신호 대신 광신호를 사용해 정보를 전달하는 방식이다.

1 빛의 매체

빛은 기체, 액체, 고체 속을 전진하지만, 재질 변화가 있으면 굴절하고 재질 각도에 따라 반사한다. 또한 재질이 빛 에너지 흡수체일 때는 흡수되어 사라진다. 광통신이 사용하는 빛의 매체인 **광섬유**는 이러한 조건을 충족해야 한다.

빛을 통과시키는 물질은 무기물인 유리를 들 수 있는데 일반적인 유리의 투명도는 그다지 높지 않다. 유리 단면을 옆에서 바라볼 기회가 있었다면 알 수 있지만, 단면은 초록색이다. 이는 유리에 포함된 철 등의 불순물에 의해 광 흡수가 일어난 결과다.

순수한 이산화규소 SiO_2로 만든 석영 유리는 투명도가 높아 1km 전진해도 광량은 5% 정도만 줄어든다. 하지만 고가라는 점이 단점이다.

2 유기 광섬유

여기서 등장한 것이 유기물로 만든 광섬유, **투명 플라스틱**, 즉 수족관 수조로 소개했던 **아크릴**이다. 굴절률이 높은 수지를 굴절률이 낮은 수지로 둘러싼 구조의 섬유를 만들면 빛은 그 경계면에서 반사하면서 섬유를 따라 전진하게 된다.

아크릴의 투명도는 높지만, 그래도 석영에 비하면 빛의 열화도는 10배가 된다고 한다. 하지만 가격은 현저하게 저렴하다. 따라서 장거리 통신에는 석영 섬유를 사용하고 가정용이나 기구 간 등 근거리 통신에는 아크릴 수지를 사용하는 방식으로 구분해서 활용하고 있다.

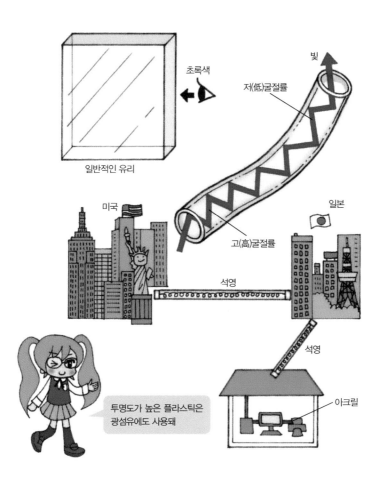

책상에서 사용되는 유기화합물

문구류는 아기자기한 물건들이 많지만, 모두 기능 면에서 뛰어나다. 그중에서도 유기성 기능을 가진 문구를 살펴보자.

1 지우개의 비밀

필기구로써 연필의 장점은 지울 수 있다는 점이다. 단 쉽게 지울 수 있는 이유는 지우개가 있기 때문이다.

종이 표면의 미세한 요철이 사포 역할을 해서 연필심을 깎고 흑연(그래파이트)을 주원료로 하는 연필심의 미립자가 종이 표면에 부착하는 것이 연필로 글씨를 쓰는 원리다. 따라서 지우개의 역할은 이 흑연의 미립자를 흡착해 제거하는 것이다.

예전에는 지우개의 주성분은 천연고무였다. 하지만 지우개보다 가스 호스가 더 잘 지워진다는 소비자의 목소리에서 개발된 것이 지금의 지우개이다. 주성분은 가스 호스와 동일한 **폴리염화비닐**이다. 여기에 충전제로 탄산칼슘 $CaCO_3$과 부드럽게 만들기 위한 가소제를 첨가하면 된다.

2 셀로판테이프

셀로판테이프는 필름 형태의 셀로판의 한쪽 면에 접착제가 잘 붙도록 밑칠을 한 후 접착제를 바른 것이다. 그리고 다른 한쪽 면에는 잘 떼어지도록 박리제를 바른다. 박리제를 바르지 않으면 테이프 형태로 말아 놓았을 때 서로 붙어 버리는 탓에 사용하려고 해도 뗄 수 없게 된다.

셀로판은 비닐이나 폴리에틸렌처럼 보이지만, 사실 천연 고분자의 일종이다. 즉 목재에서 채취한 셀룰로스를 화학 처리해 투명하고 점도가 높은 액체로 만들어, 이를 얇은 비닐로 가공한다. 그 후 다시 화학 처리해서 고체로 만든다.

셀로판은 큰 분자는 통과하지 못하지만, 물처럼 작은 부자는 통과시키는 반투막(半透膜)으로 알려져 있다. 그만큼 흡습성이 있어 습도에 따라 신축하는 성질이 있다. 이를 방지하기 위해 개발된 것이 **폴리프로필렌**이나 **염화비닐**을 사용한 테이프다.

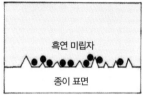

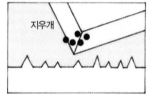

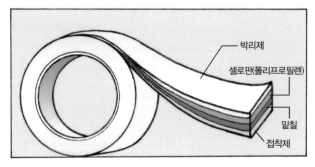

줄어들거나 주름지지 않게 하는 유기화합물

셔츠를 세탁했을 때 주름이 지는 것은 어쩔 수 없다 치더라도, 줄어들어서 입지 못하게 되면 곤란해진다. 이런 일이 일어나지 않게끔 처리한 섬유가 있다. 형상 기억 섬유이다.

☐ 합성 섬유와 플라스틱

폴리에틸렌테레프탈레이트는 페트병의 원료 플라스틱이며 일반적으로 페트(PET)라고 불린다. 폴리에스터 섬유는 매끄러운 촉감으로 의류와 안감 등으로 많이 쓰인다. 이 원료도 폴리에틸렌테레프탈레이트이다. 즉 폴리에틸렌테레프탈레이트는 플라스틱으로 만들면 페트라고 불리고 합성 섬유가 되면 폴리에스터라고 불린다.

그렇다면 페트와 폴리에스터는 무엇이 다를까? 바로 분자의 집합 상태이다. 플라스틱의 경우 분자 사슬은 불규칙하게 얽혀 있다. 이러한 상태를 비정질 고체 또는 어모퍼스라고 한다. 이에 비해 합성 섬유의 분자는 가지런히 같은 방향을 보고 있다. 이러한 상태를 결정 상태라고 한다.

☐ 형상 기억 섬유

섬유라고는 하지만 모든 부분이 결정 상태이지는 않다. 부분적으로 불규칙한 상태가 나타나기도 하는데 이 부분이 주름이나 수축의 원인이 된다. 즉 불규칙한 틈이 많은 구조인 탓에 세탁으로 체적 변화나 각도 변화가 일어나는 것이다.

따라서 주름과 수축을 방지하려면 이 부분의 섬유를 제대로 정렬시키면 된다. 그 방법의 하나는 옆에 있는 섬유끼리 가교 구조를 만들어 결합해서 서로 지탱하게 하는 방법이다.

이 가교 구조를 만들기 위해서는 열경화성 수지의 가교 망 구조를 만드는 데 사용한 **폼알데하이드**가 필요하다. 면의 성분인 셀룰로스 안의 하이드록시기 OH와 결합해 가교 구조를 만들 수 있다.

하지만 폼알데하이드는 새집 증후군의 원인 물질이므로 최근에는 다른 화합물을 사용하고 있다.

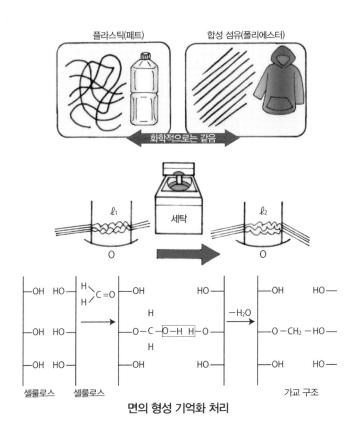

면의 형성 기억화 처리

· 체취의 원인이 되는 유기화합물

양말 냄새를 비롯해 땀 냄새, 암내 등 인간은 체취에서 벗어날 수 없지만, 최근 들어 체취에 대한 부정적인 인식이 퍼진 듯하다. 이에 따라 냄새를 자동으로 없애주는 섬유가 등장했다.

① 악취

냄새에는 좋은 냄새와 안 좋은 냄새가 있다. 물론 개인의 취향에 따르기도 하지만 인간은 본능적으로 유해하다고 느끼는 것에 대해 안 좋은 냄새가 난다고 느끼고 맛이 없다고 느끼는 경향이 있다.

이 때문인지 송이버섯 냄새나 사향 냄새를 비롯해 소위 방향(芳香)이라 일컫는 대상 중에는 생체가 가진 냄새 자체를 사용하는 것이 많다. 이에 비해 양말 냄새나 암내, 노인성 체취 등은 생체가 분비한 물질 자체의 냄새가 아니라, 이들이 세균으로 인해 분해되었을 때 나는 냄새인 경우가 많다.

노인성 체취는 몸에서 분비된 **헥사데칸산**이라는 물질이 피부 표면의 세균에 의해 분해되어 생긴 **노넨알**이라는 물질의 냄새라고 알려져 있다.

② 냄새 제거 섬유

위 내용을 살펴보면 냄새 제거를 위해서는 어떻게 해야 하는지에 대한 힌트를 얻을 수 있다. 인간이 생리적으로 분비하는 물질을 억제하기란 어렵다. 따라서 헥사데칸산을 분해하는 세균을 퇴치하는 방법이 가장 빠르다. 그러므로 냄새 제거 섬유란 **항균** 또는 **살균** 섬유를 뜻한다.

항균을 하기 위한 직접적인 물질은 아쉽게도 유기물이 아닌 무기물이다. 이 항균성 무기물을 섬유에 첨가하거나 섬유 표면에 코팅하면 된다. 항균성 무기물로는 은 Ag, 산화아연 ZnO, 이산화타이타늄 TiO_2 등이 사용된다.

이산화타이타늄은 광촉매로 자주 사용된다. 자외선 및 가시광선을 흡수함으로써 고 에너지인 들뜬 상태가 되며 산소와 반응해 활성 산소 화합물을 생성한다. 이 활성 산소 화합물이 세균을 공격하게 된다.

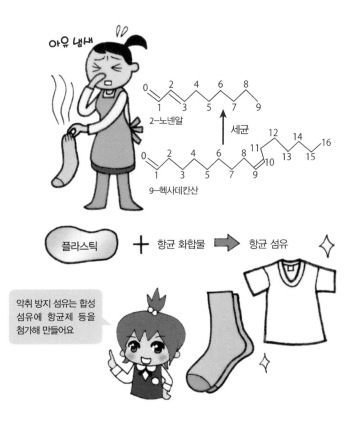

추운 겨울에 문밖을 나서기란 쉽지 않다. 설산을 오르는 사람들도 겨울 산이 좋아서 오르겠지만, 괴로울 것이다. 이럴 때 유용한 섬유가 개발되었다. 입고 있기만 해도 발열하는 섬유다. 발열 섬유는 크게 2가지가 있으며 전혀 다른 원리로 작용한다.

1 원적외선 방출형

열을 가한 돌로 구운 군고구마나 비장탄으로 구운 장어가 맛있는 이유는 원적외선 때문이라고 한다. 원적외선은 1-1(p.12)에서 살펴봤듯이 적외선 중에서도 파장이 길고 에너지가 작은 것이다. 에너지가 큰 근적외선보다 에너지가 작은 원적외선이 더욱 맛있게 구워지는 이유는 파장이 길어서 물질 속까지 들어가 천천히 데우기 때문이다.

사람도 마찬가지다. 에너지가 큰 붉은 빛이나 근적외선보다 오히려 에너지가 작은 원적외선이 따뜻하다고 느낀다.

이 원리를 활용한 섬유가 원적외선 방출 섬유이다. 즉 섬유 표면에 원적외선을 방출하는 규산지르코늄 $ZrSiO_4$을 코팅한다. 이 물질은 인체가 방출하는 근적외선을 흡수해서 그 에너지를 떨어뜨린 후 원적외선으로써 재방출한다. 이 섬유는 침구나 모포로 활용되고 있다.

2 수화열 방출형

수화(水和)는 물질이 물에 녹은 결과 주변이 물 분자로 둘러싸이게 되는 현상을 말한다. 수화는 수소 결합 등에서 살펴본 분자간력에 의해 일어나는 현상이며 수화하면 낮은 에너지의 안정화 상태가 된다. 안정화한 만큼 잉여 에너지를 외부에 열로 방출한다. 이 열을 활용한 것이 수화열 방출형 방열 섬유다. 즉 입고 있는 사람의 땀(물)을 흡수해 수화한 후 열을 만드는 방식이다. 따라서 전지도 연료도 없이 옷이 저절로 열을 낸다. 양모는 원래 흡수성이 좋지만, 아크릴 섬유 중에는 양모의 2.5배의 흡수력을 가진 것도 있어 겨울 산 등산 등에 사용되고 있다.

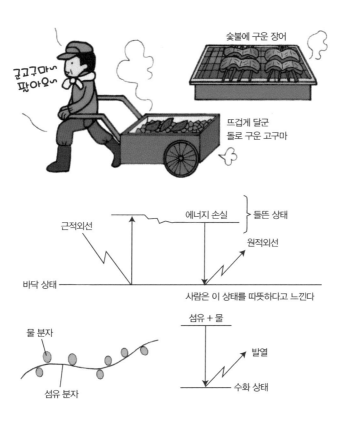

맑고 건조한 겨울에는 문고리를 잡기가 두려워진다. 손을 따갑게 만드는 정전기 때문이다. 이 정전기를 막는 섬유도 개발되었다.

① 정전기

물질에는 전자를 가져서 음극으로 대전하려는 것과 반대로 전자를 방출해서 양극으로 대전하려고 하는 것이 있다. 이러한 물질의 경향을 순서대로 나열한 것을 **대전열**이라고 한다.

대전열의 왼쪽 물질과 오른쪽 물질을 마찰시키면 오른쪽 물질의 전하가 왼쪽 물질로 이동해 오른쪽이 양극, 왼쪽의 음극으로 대전된다. 이것이 정전기다. 이렇듯 반대로 대전된 물질끼리는 서로 정전기 인력으로 끌어당긴다.

겨울이 되면 옷이 달라붙어서 움직이기 힘들어지는 원인이기도 하다. 즉 **폴리에스터**의 내복 위에 스웨터를 입으면 내복은 음극으로 스웨터는 양극으로 대전되어 서로 끌어당겨 달라붙게 된다.

② 정전기 분리

이러한 정전기를 없애려면 어떻게 해야 할까? 사실 전자가 머물러 있지 않도록 전선으로 묶거나 고여 있는 전자를 외부에 흘려보내도록 옷과 바닥을 도선으로 묶으면 된다.

실제로 탱크로리 등은 정전기를 도로에 흘려보낼 수 있게 금속제 체인을 도로에 끌리게끔 달아 놨다. 하지만 사람이 그렇게 해서는 탈주범으로 몰리기에 십상이다.

이미 정전기를 막는 섬유는 개발되었다. 하나는 대전 방지 섬유로 합성 섬유에 친수성 물질을 혼합해 섬유로 만들었다. 친수성 물질에 이끌린 공기 중의 습기로 정전기를 내보내는 방식이다. 단 효과는 습도에 따라 달라지는 소극적인 방법이다.

다른 한 가지는 도전성 탄소 미립자나 금속 가루를 혼합한 섬유로 습도의 영향을 받지 않는다. 또한 이 섬유는 전자파를 차단하는 성질도 있어 휴대전화 등의 전자파에 노출되어 생활한다면 전자파로부터 보호받을 수 있다.

대전 방지 섬유에는 금속 가루 등의 도전성 미립자를 혼합시키기도 해요

7-13 · 금속과 상호작용하는 유기화합물

금속은 표면이 매끄러워서 분자와 아무런 상관이 없어 보이지만, 실제로는 밀접한 상호작용을 하고 있다.

① 금속 결합

금속 결정의 금속 원자는 금속 **결합**으로 결합한 상태인데 이때 금속 원자는 바깥쪽의 가전자(價電子)를 방출해 금속 이온이 된다. 방출된 전자를 자유 전자라고 부른다.

양극으로 하전 된 금속 이온은 삼차원으로 가지런히 쌓이며 그 사이를 음극으로 하전 된 자유 전자가 물처럼 채워서 금속 결합을 형성한다. 따라서 금속 결정 내부에 있는 원자는 상하좌우 및 전후의 총 6개의 원자와 결합하게 된다. 하지만 결정 표면의 원자 위에는 다른 원자가 없으므로 내부의 5개의 원자와 결합하면서 결합수가 하나 남아 있는 상태가 된다.

② 금속 원자 - 분자 상호작용

이 상태의 금속 표면에 수소 분자가 접촉한다고 가정해 보자. 금속의 남아 있는 결합수는 기다렸다는 듯 분자에게 손을 내민다. 수소는 반갑게 내민 손을 잡고 만다. 당연하게도 수소 분자를 구성하고 있던 결합은 불안정해지면서 수소 분자의 내부는 흔들리게 된다. 이러한 수소를 **활성 수소**라고 한다. 즉 반응성이 높은 상태가 되는 셈이다.

활성 수소는 다른 분자와 접촉하면 분해되어 다른 분자와 결합해 버린다. 이것이 촉매 환원반응이다. 유기물의 이중 결합이 단결합으로 변화하므로 합성적으로는 대단히 유용한 반응 중 하나이다. 이 반응은 일반적인 수소로는 어렵고 활성 수소여야만 가능하다. 금속이 필요하다는 의미다.

금속의 이러한 작용을 일반적으로 촉매 작용이라고 한다. 이러한 촉매 작용을 하는 금속으로는 백금 Pt 및 팔라듐 Pd 등이 대표적이다.

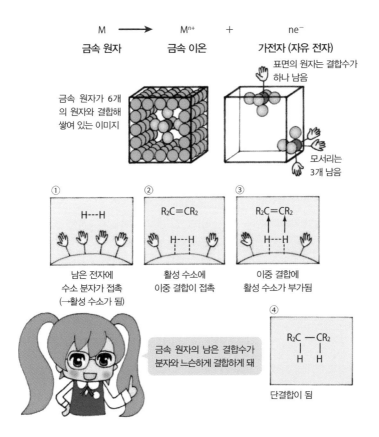

$$M \longrightarrow M^{n+} + ne^-$$

금속 원자   금속 이온   가전자 (자유 전자)

표면의 원자는 결합수가 하나 남음

금속 원자가 6개의 원자와 결합해 쌓여 있는 이미지

모서리는 3개 남음

① H---H
남은 전자에 수소 분자가 접촉 (→활성 수소가 됨)

② $R_2C=CR_2$
H---H
활성 수소에 이중 결합이 접촉

③ $R_2C=CR_2$
H---H
이중 결합에 활성 수소가 부가됨

금속 원자의 남은 결합수가 분자와 느슨하게 결합하게 돼

④ R_2C-CR_2
| | |
H   H
단결합이 됨

촉매 작용의 특징은 소량의 촉매로 반응 속도가 눈에 띄게 가속한다는 점이다.

① 촉매량

촉매 작용은 다음 페이지처럼 모식화할 수 있다. 즉 촉매 E와 출발 분자 S가 반응해 복합체 ES를 만든다. 이 상태에서 활성화된 S는 변화해서 생성 분자 P가 되고 복합체는 PS가 된다. 여기에서 E가 떨어져 나오면서 P가 생성된 셈이다. 떨어진 E는 다시 또 다른 S와 결합해 반응을 일으킨다. 이런 식으로 반복해서 반응하기 때문에 촉매는 소량이면 충분하다.

② 가속 작용

출발 분자 S가 생성 분자 P로 변화하는 반응의 중간 과정을 살펴보자. 탄소 C가 산소 O_2와 반응(연소)해 이산화탄소 CO_2가 되는 반응을 참조하길 바란다. 출발 물질($C+O_2$)과 생성 물질(CO_2)의 에너지를 비교하면 생성 물질이 더 낮다. 따라서 반응이 진행되면 두 물질의 차이인 ΔE가 남아 외부에 방출된다. 이것이 **연소열**이다.

하지만 반응 물질의 에너지는 생성계를 향해 단순히 감소하지 않는다. 중간에 에너지가 높은 상태인 전이 상태 T를 경유해야만 한다. 산책 코스에 갑자기 등산이 등장하는 셈이다.

반응하기 위해서는 이 에너지 산을 넘어야만 하며 이때 필요한 에너지를 **활성화 에너지** Ea라고 한다. 일반적으로 Ea가 낮은 반응은 수월하게 진행되며 반응 속도도 빠르지만, Ea가 크면 반응은 느려진다.

촉매는 이 전이 상태의 구조를 변화하는 작용을 한다. 즉 촉매 반응 시의 전이 상태는 앞 페이지에서 설명한 복합체 ES와 비슷해지지만, 에너지 자체는 촉매가 없는 전이 상태 T보다 낮다. 따라서 활성화 에너지가 작으므로 반응 속도가 빨라지게 된다.

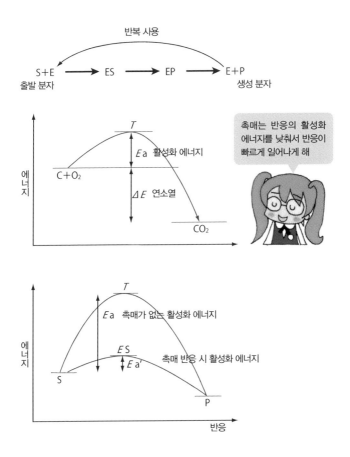

유기 화학의 가장 중요한 분야로 유기 합성 화학이 있다. 이는 각종 원료 분자를 사용해 화학 반응을 일으켜 만들고자 하는 유용한 분자를 합성하는 기술이다.

① 유기 합성

현재 유기 합성 기술은 매우 진보해서 원리적으로 불안정한 화합물이 아니라면 대부분의 원하는 분자를 합성할 수 있는 정도까지 왔다. 복어 독인 테트로도톡신도, 복잡하기로 유명한 비타민B_{12}도, 산호초 물고기가 가진 말도 안 되게 복잡하고 강력한 독인 팔리톡신도 모두 인공적으로 합성할 수 있다.

② 커플링 반응

유기 합성 기술은 다양하게 개발되었는데 그중 하나로 2010년 노벨 화학상을 받은 크로스 커플링 반응이 있다. 이 반응은 분자 A와 B를 결합(커플링)해 새로운 분자 AB를 만드는 기술이다. A와 B라는 서로 다른 분자를 결합하므로 크로스 커플링이라고 구분해서 부른다. 이 방법을 사용하면 복잡한 구조의 분자도 부분적으로 만든 후 마지막에 조합해서 만들 수 있다. 조립식 건축과 비슷하다.

커플링 반응은 유기 합성에서 상당히 중요한 반응이므로 다양한 종류가 개발되었지만, 스즈키 교수가 개발한 스즈키 커플링과 네기시 교수가 개발한 네기시 커플링은 반응성이 높고 응용 범위가 넓어 사용되는 빈도가 높았던 점이 노벨상 수상으로 이어진 것이라 볼 수 있다.

두 커플링 반응 모두 금속 촉매를 사용했으며 주로 **팔라듐**을 사용한다.

팔라듐은 수은 아말감으로 충치 치료에 사용하는 금속이다.

크로스 커플링의 특징은 커플링하는 분자 A와 B의 다른 한쪽에도 금속 또는 준금속을 사용한다는 점이다. 스즈키 커플링은 붕소 B(준금속), 네기시 커플링은 아연 Zn을 사용한다.

스즈키 커플링

네기시 커플링

신 레몬을 달게 만드는 기능

신맛을 대표하는 음식으로는 레몬을 들 수 있다. 이런 신 음식을 달게 만드는 과일이 있다. 미라쿨러스베리라는 과일이다. 이 과일을 먹은 후에 레몬을 먹으면 레몬이 달게 느껴진다. 하지만 그 레몬을 다른 사람이 먹으면 당연히 시다고 느낄 테니 미라쿨러스베리가 레몬 자체의 맛을 바꾸지는 않았을 것이다.

미라쿨러스베리의 마법은 다음과 같다. 우선, 미라쿨러스베리는 달다. 하지만 그 단맛을 사람이 느끼려면 단맛 분자가 혀에서 단맛을 느끼는 세포인 미뢰에 접촉해야만 한다. 그런데 미라쿨러스베리의 단맛 분자에는 특별한 성분이 들어 있어 그 덕분에 단맛 분자가 미뢰에 닿지 않아 달다고 느끼지 못한다.

하지만 바로 레몬을 먹으면 강력한 산미에 혀가 부어서 팽창해 단맛 분자가 미뢰에 닿게 되는 원리다. 그렇다면 하바네로 정도의 매운맛도 혀를 붓게 만들 테니 달다고 느낄 수도 있다. 궁금하면 직접 시도해 보시라.

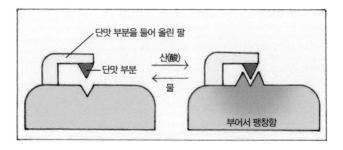

제8장

생명을 유지하는 유기화합물

유기물은 생체를 구성한다. 이러한 유기물이 생명 유지에 도움이 되는 것은 당연하다. 유전을 지배하는 DNA나 산소를 운반하는 헤모글로빈, 생체 반응을 제어하는 효소, 생체 기능을 제어하는 호르몬, 이성을 유혹하는 페로몬, 정보 전달을 맡는 신경 전달 물질 등 다 열거할 수 없을 정도다.

· 산소를 운반하는 유기화합물

우리는 한순간도 **호흡**을 멈춰서는 안 된다. 호흡이란 폐에 들어간 **산소**를 세포에 전달하는 과정을 뜻한다.

1 호흡의 원리

우리가 숨을 쉬면 세포에 산소가 공급된다. 이 산소를 혈액의 적혈구에 있는 **헤모글로빈**이라는 단백질이 받는다. 헤모글로빈은 산소와 결합한 상태로 혈류를 타고 세포에 운반해 산소를 방출한 후 빈손으로 허파꽈리로 돌아와 다시 새로운 산소와 결합해서 세포를 찾아 나선다.

그러므로 헤모글로빈은 산소를 운반하는 배달부 같은 존재다. 그런데 배달부에게 **일산화탄소** CO가 접근하면 배달부는 산소를 두고 일산화탄소를 대신 짊어진다. 이 일산화탄소는 한번 올라타면 절대로 내려올 생각을 하지 않는다. 그 결과 모든 배달부는 일산화탄소에 점령되어 산소를 운반할 수 없게 된다.

이것이 일산화탄소 중독이다. 청산가리의 독성도 비슷한 원리이다. 이 상태에 **빠진** 중독자는 아무리 열심히 횡격막 근육을 움직여 '기계적인 호흡 운동'을 해도 중요한 산소는 하나도 세포에 전달되지 않는다.

2 헤모글로빈의 원리

헤모글로빈은 다음 같은 상당히 복잡한 형태를 가진다.

❶ 헤모글로빈은 4개의 복합 단백질이 규칙적으로 집합한 초분자이다.

❷ 각 복합 단백질은 헴이라는 분자와 단백질이 결합한 초분자이다.

❸ 헴은 포르피린이라는 고리형 유기화합물과 철 이온이 결합한 초분자이다. 이 철과 산소가 결합한다.

이렇듯 헤모글로빈은 이중, 삼중의 초분자이다. 지구상의 생명체가 탄생한 시점은 지금으로부터 40억 년 전이라고 한다. 그만큼 오랜 시간을 거쳐서 생물은 이러한 복잡한 물질을 만들어 낸 것이다.

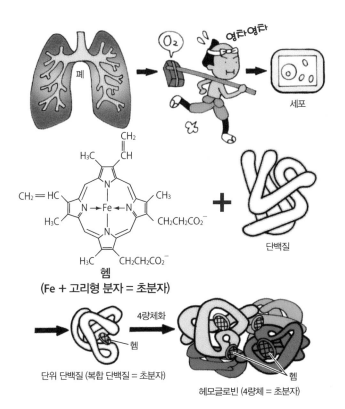

· 유전을 지배하는 유기화합물

생체에 존재하는 초분자 구조 중, 특히 상징적인 역할을 하는 존재는 유전을 관장하는 초분자인 DNA이다. DNA는 2개의 긴 DNA 분자가 꼬여 있는 이중 나선 구조를 이룬다. DNA의 기능은 2가지로 구분할 수 있다. 하나는 ①유전 정보 전달이며 다른 하나는 ②자가 분열과 복제이다.

1 유전 정보

DNA가 가진 유전 정보는 단백질의 구조와도 관련이 있다. 인간의 단백질은 약 20종류의 아미노산이 특정 순서로 결합한 구조인데 DNA는 이 순서를 지정한다.

인간의 DNA의 경우 한 가닥이 10cm 이상인 매우 긴 분자인데 구조 자체는 놀라울 정도로 단순하다. 4종류의 화학적 단위인 ATGC가 일정한 순서로 나열되어 있을 뿐이다. 그리고 연속한 3개의 화학적 단위로 특정 아미노산을 지칭한다. 예를 들어 ATG라면 아미노산 1, CGA라면 아미노산 2와 같은 방식이다.

단백질이 만들어지면 그 이후의 유전 형질 발현은 이들 단백질이 수행하게 된다.

2 분열과 복제

이중 나선 구조인 DNA는 세포 분열 시에 2개의 DNA 사슬로 분리되며 그 후에 서로의 가닥을 복제해서 완전하게 본래의 이중 나선으로 돌아가 딸세포 안에 들어간다. 즉 모세포의 유전 형질이 딸세포에 이어지게 된다. 한편, 어떠한 문제가 발생해서 불완전한 DNA를 이어받게 된 것이 암세포라고 볼 수 있다.

DNA의 분열과 복제 원리는 정교하게 짜여 있지만, 요지는 4종류의 화학적 단위가 A-T, G-C처럼 특정한 대상끼리만 조합된다는 점이다. 따라서 이중 나선의 한쪽이 ATGC라면 다른 한쪽은 반드시 TACG이다. 이 약속만 지켜진다면 이중 나선 구조가 복원하는 구조이다. 원리적으로는 지극히 단순하다.

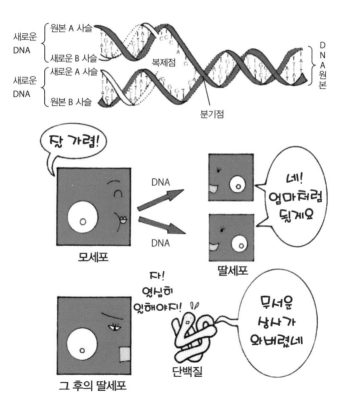

생명은 화학 반응으로 이루어진다. 화학 반응의 종료는 생명의 끝을 의미한다. 세포는 화학 공장이라고도 할 수 있다. 여러 종류의 화학 반응이 정교하게 짜여 정확한 시간표대로 진행된다. 이러한 반응을 관장하는 유기물이 바로 **효소**다.

① 열쇠와 자물쇠

효소의 작용은 촉매와 같다. 즉 반응 전후를 통틀어 스스로는 변화하지 않으면서 반응 속도만을 변화시킨다. 실험실이라면 100℃로 1시간 걸리는 반응이 36℃의 생체에서는 10분 만에 끝나는 이유는 이러한 효소의 촉매 작용이 있기 때문이다.

효소는 모든 반응에 작용하지는 않는다. 각 효소는 정해진 특정 물질의 반응에만 작용한다. 이를 **열쇠-자물쇠 모델**이라고 한다. 즉 효소 E가 특정 기질 S와 결합해 복합체 SE가 되는데 이 관계를 열쇠(S)와 자물쇠(E)라고 말할 수 있으며 특정 E와 S 사이에서만 결합한다.

이 상태에서 S가 생성물 P가 되어 복합체는 PE가 된다. 그리고 E와 P가 분리되면 E는 원래 상태로 돌아오므로 새로운 S와 결합해 2번째 반응을 시작하게 된다.

② 복합체의 구조

열쇠-자물쇠 모델이 성립하는 이유는 효소의 형상(입체 구조) 덕분이다. 효소는 단백질이며 20종류의 아미노산이 적당한 순서로 결합한 긴 분자인데 그 특징은 입체 구조에 있다.

즉 단백질은 긴 끈 형태로 되어 있지 않고 규칙적으로 접혀 있다. 그리고 효소에는 특유의 홈이 있으며 그곳에 꼭 맞고 확실하게 수소 결합으로 결합할 수 있는 것은 특정 구조의 분자만 가능하다. 그 분자가 바로 기질 S인 셈이다.

　날달걀을 삶으면 삶은 달걀이 되어서 두 번 다시 날달걀로 돌아오지 못하는 것처럼 단백질은 섬세하다. 열 및 산 등 다양한 요인으로 변화(변성)하기 때문에 효소가 작동하는 온도나 pH 등 조건이 정해져 있다.

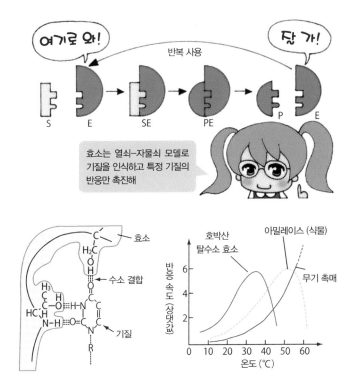

생체 기능을 제어하는 유기화합물: 호르몬

심장, 위, 간 등 우리 몸에는 여러 기관이 있다. 이 기관들은 각자 알아서 움직이지 않고 서로 연락을 주고받으며 보조를 맞춰서 움직이고 있다. 이렇듯 기관들이 서로 연락을 주고받는 화학 물질을 호르몬이라고 한다.

① 호르몬

호르몬에는 다양한 종류가 있지만, 특정 호르몬은 특정 장기에서만 생산된다. 생산된 호르몬은 혈류를 타고 전신을 돌고 특정 장기에 도착했을 때 비로소 효력을 발휘한다.

비타민도 동일한 작용을 하는데 인간 스스로 만들 수 있는 물질을 호르몬, 스스로 만들 수 없어서 음식으로 섭취해 외부에서 조달해야만 하는 물질을 비타민이라고 부른다.

호르몬 중에서는 생식기에서 생산되어 남녀 차이를 나타내는 성호르몬이나 췌장에서 생산되어 혈중 당 농도를 제어하는 인슐린 등이 잘 알려져 있다.

② 국소 호르몬(오타코이드)

앞에서 설명한 호르몬과는 반대로 체내 어디서든 생산되지만, 생산된 장소 근처에서만 효력을 발휘하는 호르몬이 있다. 이를 국소 호르몬 또는 오타코이드라고 부른다.

잘 알려진 물질로는 히스타민이 있다. 히스타민은 헤모글로빈을 구성하는 아미노산의 11%를 차지하는 히스티딘에서 생산되며 호흡 및 순환 등에 영향을 준다. 프로스타글란딘은 인간의 전립선에서 발견된 물질인데 세포막을 구성한 인지질에서 생성되어 호흡 및 순환, 생식 등 폭넓게 작용한다.

호르몬이나 국소 호르몬과 유사한 작용하는 물질로는 나중에 살펴보는 신경 전달 물질이 있다. 각각의 차이를 아래 표에 정리했다.

프로게스테론   에스트론   테스토스테론
                                           남성 호르몬

여성 호르몬

프로스타글란딘E$_2$
(PGE$_2$)

호르몬은 특정 장기에서 생산되어 혈류를 타고 다른 장기로 이동해 효과를 발휘해

히스타민   히스티딘

	생산 및 저장 부위	작용 부위	순환계
호르몬	특정 장기	특정 표적 장기	혈액을 통해 먼 곳으로
오타코이드	광범위한 세포, 혈중	생산 부위 주변	반드시 혈류를 통하지 않음
신경 전달 물질	신경	신경 지배 주요 부위	혈류를 통하지 않음

이성을 유혹하는 유기화합물: 페로몬

곤충과 동물은 이성을 매료하는 매혹적인 물질을 분비하는데 이를 **페로몬**이라고 부른다. 페로몬은 호르몬과 유사한 물질이라고 생각할 수 있다. 단 호르몬은 개체 내에서만 작용하지만, 페로몬은 반대로 개체 간(남녀 간)에서만 작용한다. 포유류의 경우 페로몬은 코안에 있는 서골비 기관에서 감지하는데 인간은 퇴화했다고 알려져 있다.

① 동물의 페로몬

페로몬은 누에나방에서 최초로 발견되었으며 **봄비콜**이라고 부른다. 암컷 누에나방이 분비해서 수컷을 유혹하는 물질이며 10^{-10}g으로 100만 마리의 수컷이 광란 상태가 된다고 한다. 다른 나방에게서도 비슷한 물질이 발견되었으며 모두 같은 종에만 효과가 있었고 다른 종에는 영향력이 없었다.

페로몬은 동물에 따라 분자 구조가 다를 뿐 아니라, 분비되는 기관도 다르다. 염소의 페로몬은 수컷의 등에서 분비되고 돼지도 수컷의 날숨에 페로몬이 포함되어 있다. 향료로 유명한 사향은 사향노루의 페로몬이고 생식샘에서 분비된다.

② 인간의 페로몬

인간도 페로몬이 존재하는 것이 아닐까 하는 측면에서 연구가 진행되고 있다. 감각 기관이 퇴화하여 감지할 수는 없지만, 서골비 기관은 건재하다는 연구도 있으니 예단할 수 없다.

페로몬은 이성을 이끄는 힘을 가질 뿐 아니라, 정력 감퇴를 방지하는 힘, 더 나아가 노화를 막는 힘이 있을 가능성이 있어 현대 사회의 불로불사의 묘약이라는 느낌마저 든다. 어쩌면 인간의 페로몬일지도 모르는 물질 구조를 몇 가지 기재했다. 효과 여부는 보증할 수 없으나 참고하길 바란다.

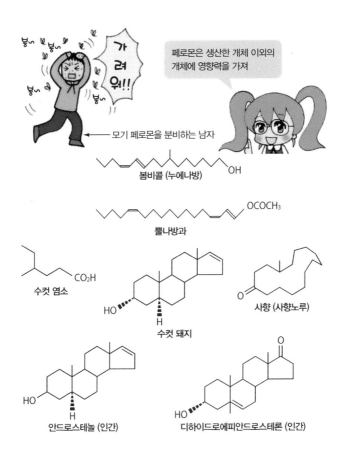

8-6 · 정보를 전달하는 유기화합물

동물의 기관과 뇌는 신경 세포로 연결되어 있다. 신경 세포의 길이는 짧으면 수 μm, 길면 1m에 이른다. 정보 전달은 여러 개의 를 경유한다. 따라서 정보 전달법도 신경 세포 내에서 이루어지는 방법과 신경 세포 간에서 이루어지는 방법의 2가지가 있다.

1 세포 내 전달

신경 세포 내 정보 전달은 전기적이며 비유하자면 전화 연락이다. 다음 페이지에 그 구조를 그림으로 나타냈다. 정보는 그림 왼쪽에서 전달된다. 그러면 신경 세포 축삭의 세포막에 있는 칼륨 채널이 열리면서 칼륨 이온 K^+이 세포 밖으로 나오고 이어서 나트륨 채널이 열리면서 세포 안에 나트륨 이온 Na^+이 들어간다. 이렇게 세포막을 사이에 두고 막전위가 변화한다 (분홍색 부분). 정보가 오른쪽으로 통과하면 Na^+는 세포 밖으로 나오고 K^+가 돌아오며 원래 상태가 된다.

2 세포 간 전달

이렇게 해서 정보가 축삭 말단에 도달하면 세포 내 전달은 완료된다. 단 세포 간에는 전화선이 없다. 따라서 세포 간 정보 전달은 비유하자면 전보 전달이다.

전보에 해당하는 것은 신경 전달 물질이다. 축삭 말단에 있는 소포에서 신경 전달 물질이 방출되고 신경 전달 물질이 옆에 있는 신경 세포에 도달하면서 신경에 자극이 전달되어 전화 연락이 시작되는 셈이다.

신경 전달 물질은 다양하게 존재한다. 아세틸콜린, 글루탐산, 도파민, 세로토닌, 노르에피네프린(노르아드레날린) 등이 잘 알려져 있다. 옆 세포에 결합한 신경 전달 물질은 정보를 전달한 후에는 효소가 바로 제거된다.

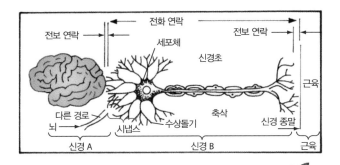

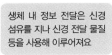

생체 내 정보 전달은 신경 섬유를 지나 신경 전달 물질 등을 사용해 이루어져요

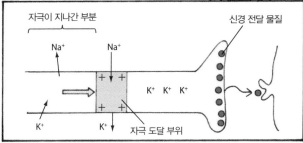

$CH_2 - C - O - CH_2 - CH_2 - \overset{+}{N}(CH_3)_3$
아세틸콜린

$H_2N - \overset{CO_2H}{\underset{}{CHCH_2CH_2}} - CO_2H$
글루탐산

노르에피네프린
(노르아드레날린)

세로토닌

도파민

인간은 여러 센서를 가지고 있다. 시각, 청각, 촉각, 미각, 후각의 오감이 대표적이다. 그중에서도 시각은 중요한 센서다.

① 시각의 원리

시각을 관장하는 센서는 물론 눈이다. 눈은 여러 기관이 모인 복합 기관인데 렌즈에 해당하는 수정체를 통과한 빛은 유리체를 지나 안구 안쪽에 있는 망막에 도달한다. 빛을 감지하는 원리는 망막에 있다.

망막은 시각세포가 모여 있는 신경막인데 망막에는 빛만 감지하는 **간상세포**와 빛뿐 아니라 색을 식별하는 **추상세포**의 2종류가 존재한다. 추상세포에는 빛의 3원색인 빨강·파랑·초록 중 한 가지 색상에만 반응하는 3종류의 세포가 있다. 이 세포에 빛이 닿으면 세포는 자극이 있음을 뇌에 전달해 그 정보를 바탕으로 뇌가 밝기나 색채를 감지하고 나아가 전체적인 그림을 그리게 된다.

② 레틴알

시각세포는 빛이 들어왔음을 어떻게 감지할까? 시각세포 외절에는 원판 모양의 디스크가 쌓여 있다. 그리고 이 디스크의 막에 해당하는 부분에 로돕신이라는 단백질이 박혀 있으며 이 안에 **레틴알**이라는 간단한 분자가 들어 있다.

서론이 길었지만, 빛을 감지하는 부분은 레틴알이다. 레틴알은 평소에는 시스형이지만, 빛이 들어오면 구조가 변화하면서 트랜스형이 된다. 이 구조 변화를 로돕신이 감지해 시신경에 전달한다. 그러면 시신경이 신경 계통에 정보를 보내고 다시 뇌에 전달되는 방식이다.

레틴알은 비타민A가 산화한 물질이며 비타민A는 유색 채소의 색소인 카로틴이 산화 절단되어 만들어진다. 따라서 카로틴 및 비타민A는 눈 건강에 좋다.

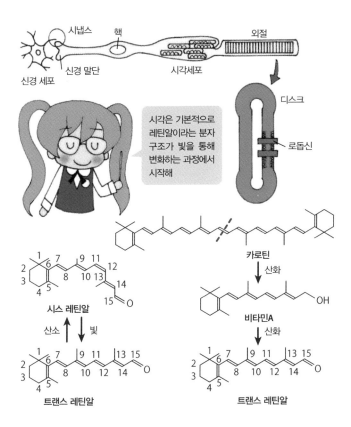

동물은 음식을 통해 생명을 유지한다. 하지만 음식처럼 보이는 것 중에서는 독물도 있다. 음식과 독물을 식별하는 감각은 오감 중에서도 미각과 후각이다. 미각과 후각은 방어 기구이다.

① 미각

미각을 느끼는 곳은 혀의 미뢰라고 불리는 부분에 있는 미세포이다. 미세포가 어떻게 맛을 감지하는지에 관해서는 9—9(p.194)에서 자세히 살펴보겠지만, 여기서는 자극 정보의 전달 과정을 알아보자.

❶ 미분자는 미세포의 수용막이라고 불리는 세포막과 결합한다.

❷ 수용막의 막전위(전압)가 변화한다.

❸ 막전위 변화로 인해 미세포의 세포막에 있는 칼슘 채널이 열리면서 칼슘 이온 Ca^{2+}이 세포 안으로 들어온다.

❹ 이 자극을 통해 신경 전달 물질인 노르에피네프린이 방출된다.

❺ 노르에피네프린이 미신경에 도착하면 미신경에 막전위가 발생해 뇌에 전달된다.

자극 정보 전달의 흐름은 위와 같으며 가장 중요한 역할은 미세포 분자막인 수용막이 맡고 있다.

② 후각

후각의 원리도 미각과 유사하다. 설명하지 않아도 알겠지만, 후각은 코에 있다. 코에 있는 후세포가 냄새를 감지하는데 이 세포의 특징은 촉각처럼 후각모를 가진다는 점이다. 냄새 분자는 후각모 또는 그 기저와 결합해 후

세포에 자극을 준다고 알려져 있다.

후각에서 세포막이 중요한 역할을 한다는 사실을 나타내는 실험이 있다. 어떤 물질의 냄새를 감지할 수 있는 최소 농도를 역치라고 한다. 아래 그림 은 몇 가지 분자의 역치와 그 분자의 친수성 정도의 관계를 나타낸 그래프 다. 친수성이 높으면 역치가 크고 냄새가 약하다는 사실을 보여준다. 이는 냄새 분자가 세포막 안으로 들어가서(소수성 상호 작용) 자극을 준다는 의 미로 해석할 수 있다.

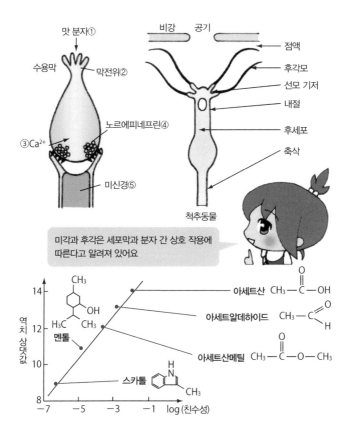

생명이란?

생명은 신비하다. 과학의 진보 덕분에 생체 구조와 그 작용 원리는 상당 수준까지 밝혀졌다. 하지만 생명에 관해서는 좀처럼 밝혀지지 않는다. 건강하고 생명력 넘치던 사람이 한 발의 총탄으로 생명을 잃게 된다. 1초에도 미치지 않는 이 짧은 순간에 무슨 일이 일어나고 무엇이 변화한 것일까? 생과 사를 나누는 것은 무엇일까?

이 와중에 생명체와 비생명체가 반드시 명확하게 구별되지 않는다고 하니 더더욱 생명을 이해할 수 없게 된다. 그런 중간 지점에 있는 존재가 **바이러스**다. 바이러스를 생명체라고 바라볼지 비생명체로 바라볼지는 생물학자마다 견해가 다르다고 한다. 어떤 사람은 생명체라고 보고 어떤 사람은 비생명체(물질?)라고 보는 셈이다.

비생명체라고 보는 사람은 생명체는 스스로 영양을 섭취해야 한다는 점과 세포막이 있어야 한다는 점을 근거로 내세운다. 세포막 유무는 세포 구조 유무와 연결되므로 생명 = 세포 구조라고 설명한다. 이는 분자막이라는 초분자 구조가 생명에게 얼마나 중요한 의미를 갖는지를 보여주는 사례이다.

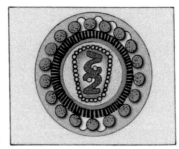

HIV의 모식도

제9장

생체 기능을 보완하는 유기화합물

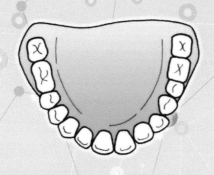

우리의 몸은 언제까지나 완전한 상태로 유지되지 않는다. 때로는 상처가 생기고 때로는 파괴되고 때로는 상실하는 일도 있다. 안경이나 틀니 등은 일상적인 보조 물질인데 여기에도 유기물이 사용된다. 이 외에도 인공 투석, 인공 심폐 등 유기물이 생체 기능을 보완하는 사례는 다양하다.

· 안경에 사용되는 유기화합물

다치거나 병으로 신체 기관 일부를 상실하거나 기능이 손실되는 일은 그리 드물지 않다. 이럴 때 도움을 줄 수 있는 물질이 유기화합물이다.

1 안경

눈의 시력이 떨어졌을 때, 요새는 수술로 교정하기도 하지만 가장 간편한 방법은 안경 착용이다.

2 렌즈

안경은 렌즈와 이를 지탱하는 프레임으로 구성된다. 예전만 해도 렌즈는 유리로 만들었지만, 요새는 플라스틱 제품도 많아졌다. 플라스틱의 장점은 가볍고 잘 깨지지 않는 데다 제조가 쉽다는 점이다.

유리의 비중은 약 2.5이다. 이에 비해 플라스틱 렌즈의 주재료는 아크릴수지인데 렌즈를 만들 때 첨가물이 들어가므로 비중은 약 1.3이다. 즉 유리 렌즈의 약 1/2이다. 또한 굴절률도 거의 유리에 가까워져서 특수한 경우를 제외하면 두께도 유리와 비슷하다.

플라스틱 렌즈는 부드러우므로 흠집을 방지하기 위해 표면을 단단한 물질로 코팅한다. 하지만 코팅 물질과 렌즈의 열팽창률이 다르므로 온도 변화가 큰 환경에서 사용했을 때 코팅제가 분리되기도 하는 점은 향후 개선해야 할 부분이다.

3 프레임

프레임은 주로 타이타늄 등의 금속으로 만드는데 최근에는 플라스틱이 사용되고 있다. 플라스틱은 가벼우며 근래 늘어나고 있는 금속 알레르기를 방지할 수 있다. 심미적인 측면에서도 성형이 쉬운 다양한 색상의 플라스틱이 호평받고 있다. 게다가 가격도 저렴하게 설정할 수 있다. 요새는 형상 기억 수지가 사용되면서 탄성이 높아 유연하고 착용감이 좋다고 한다.

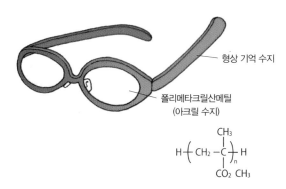

형상 기억 수지

폴리메타크릴산메틸
(아크릴 수지)

$$H \left(CH_2 - \underset{\underset{CO_2\,CH_3}{|}}{\overset{\overset{CH_3}{|}}{C}} \right)_n H$$

	비중	굴절률
유리 렌즈	~2.5	1.50~1.90
플라스틱 렌즈	~1.3	1.50~1.74

코팅

렌즈

가열 · 냉각

코팅 개선의 예시
(자가 수복 기능)

안경은 렌즈와 프레임 모두 플라스틱제가 주류가 되고 있지

콘택트렌즈에 사용되는 유기화합물

시력 교정용 도구로는 안경보다 **콘택트렌즈**를 선호하는 사람도 많다. 하지만 그와 동시에 콘택트렌즈 착용으로 인한 안구 손상도 늘고 있다.

① 콘택트렌즈

콘택트렌즈는 각막 위에 직접 렌즈를 얹어 시력을 교정하는 도구이다. 콘택트렌즈의 성능으로는 ❶시력 교정력이 가장 중요하며 ❷착용감이 자연스러워야 하고 눈 건강을 고려하면 ❸적당한 함수력이 있어야 하고 ❹산소 투과성이 있어야 바람직하다.

② 콘택트렌즈의 소재

초기 콘택트렌즈의 소재는 유리였으며 딱딱한 하드 콘택트렌즈에 사용되었다. 현재는 플라스틱을 사용한 소프트 콘택트렌즈가 주류이다.

콘택트렌즈의 소재로 사용되는 플라스틱은 초기에는 다음 페이지 그림의 ①메틸메타크릴레이트만 사용한 아크릴 수지였지만, 이것으로는 하드 타입만 만들 수 있다. 그 후 개량이 진행되어 현재는 ②하이드록시에틸메타크릴레이트, ③N-비닐피롤리돈의 2종류의 단위 분자를 다양한 비율과 순서로 연결한 고분자 소재를 사용해 좋은 반응을 얻고 있다.

이렇듯 다양한 단위 분자로 만든 플라스틱(폴리머)을 일반적으로 **코폴리머**(공중합체, 共重合體)라고 한다.

③ 함수성, 산소 투과성

단위 분자 ②, ③을 사용한 플라스틱은 부드럽고 함수성을 가지고 있어 착용감이 좋고 물을 통해 산소 투과도 가능하다. 하지만 함수율이 높으면 단백질 및 세균이 침투할 확률도 높아진다. 이에 **실리콘 수지를** 사용한 실리콘 하이드로겔로 만든 콘택트렌즈가 개발되어 소비자들이 많이 찾는 제품이 되었다.

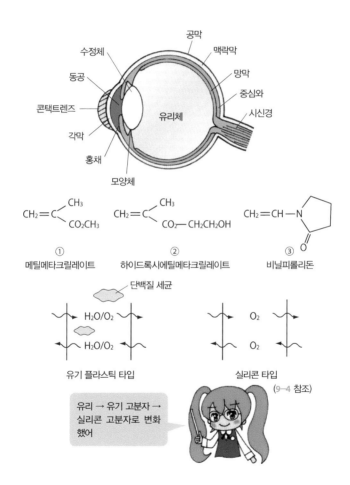

① 메틸메타크릴레이트

② 하이드록시에틸메타크릴레이트

③ 비닐피롤리돈

유기 플라스틱 타입

실리콘 타입

(9–4 참조)

유리 → 유기 고분자 → 실리콘 고분자로 변화했어

· 맛있게 씹기 위한 유기화합물

20세 치아를 80세까지 유지하자는 등 치아를 잘 관리하자는 의식은 높아졌지만, 본의 아니게 치아를 잃는 사람은 많다. 이러한 분들에게 도움을 주는 도구가 의치(義齒)다.

1 의치

의치에는 전체 치아를 대용하는 **총 의치**와 일부 결손난 치아만 대용하는 **부분 의치**가 있다. 총 의치는 치아 본체와 이를 지탱하는 바닥 면으로 구성되어 있고 부분 의치는 의치를 건강한 치아에 묶어서 유지하기 위한 클래스프라는 장치를 사용한다.

의치의 소재는 다양하며 역사적으로 보면 동물의 뼈, 상아 등의 동물의 어금니, 간단하게는 목재, 도자기 등 떠올릴 만한 소재는 거의 시도된 바 있다. 현재는 치아 부분에 도자기나 세라믹, 바닥재는 금속도 사용하고 있는데 의료 보험 대상인 소재는 모두 레진, 즉 **플라스틱**으로 만든 것이다.

2 소재

치아 부분에는 씹어도 마모되지 않는 단단한 소재가 필요하다. 예전에는 열경화성 수지를 사용했었지만, 현재는 착용감이나 가공성이 우수하고 색채 자유도가 높은 **열가소성 수지**를 사용한다.

바닥 부분은 착용감뿐 아니라 음식 온도나 식감을 전달하기 위해서도 얇은 편이 바람직한데, 그래서 최근에는 클래스프를 사용하지 않는 탄성 의치를 많이 도입하고 있으며 탄성 의치의 바닥 소재로 사용하는 물질은 나일론 등과 유사한 **슈퍼 폴리아마이드**라는 플라스틱이다.

또한 고정 장치 부분도 플라스틱인 폴리아세탈을 사용한다. 탄력성과 강인성이 좋고 10만 회 탈착해도 거의 변형도 마모도 없다고 한다.

이렇듯 최신 의치의 대부분은 모두 플라스틱으로 만들었다고 해도 과언이 아니다. 참고로 의치를 안정시키기 위한 틀니 고정제도 시중에 판매되고 있다. 다양한 고정제가 존재하지만, 고흡수성 고분자 또는 폴리에틸렌, 그리스(grease) 등이 원료로 사용되며 이들 또한 모두 유기물이다.

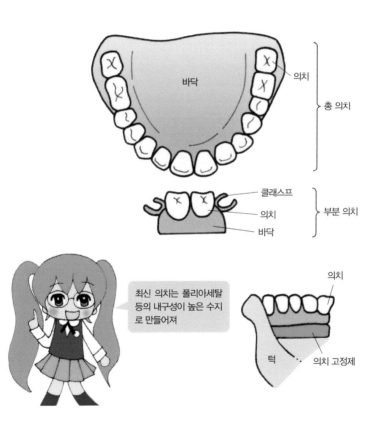

9-4 풍만한 가슴과 풍성한 흑발을 연출하는 유기화합물

어느 시대이건 여성은 풍만한 가슴을, 남성은 풍성한 흑발을 중요하게 여기는 사람이 있다.

1 가슴 확대 수술

의치나 가발처럼 왜 의흉(義胸)이나 가흉(假胸)이라고 부르지 않는가에 대한 논의는 일단 접어 두고 여성 중에는 가슴을 크게 만들고자 하는 욕구가 있는 사람이 있다. 이에 가슴을 크게 만드는 **가슴 확대 수술**이 개발되었다.

결론은 가슴에 부피가 있는 무언가를 넣어야 하는데 무엇을 넣는가에 관한 이야기가 된다. 가슴 확대 수술 중 하나로 쁘띠 가슴 성형이 있는데 이때는 **히알루론산**을 주입한다. 히알루론산은 **아세틸글루코사민**과 **글루쿠론산**이라는 글루코스(포도당)에서 유도된 2종류의 단당류에서 만들어진 **다당류**로 쉽게 말하면 전분이나 셀룰로스 같은 다당류의 일종이다.

히알루론산은 연골 부분 등에도 존재하며 윤활제 역할도 맡는 물질이다. 그만큼 인체와의 궁합이 좋지만 흡수되기도 쉬워 풍만한 가슴을 유지할 수 있는 기간은 몇 개월에 그친다.

2 가발

공연이나 결혼식 외에도 가발 수요는 많다. 가발은 두상에 맞춘 가발 베이스에 털을 심은 것이다. 예전에는 인모나 동물의 털인 수모를 사용했었지만, 요새는 특수 용도를 제외하면 대부분 합성 섬유이다.

소재를 살펴보면 베이스는 폴리에틸렌, 폴리염화비닐, 폴리우레탄, 나일론 등의 **합성 섬유**로 직조한 망이지만 정확한 소재는 각 제조업체의 기밀

사항이다. 모발 부분도 극비인 것은 마찬가지겠지만 기본적으로 **모다크릴** 및 **염화비닐**, 폴리아마이드 등을 심과 초의 이중 구조로 만든다.

　모다크릴은 일본에서 개발한 염화비닐과 **아크릴로나이트릴의 코폴리머** 이며 인모와 흡사한 느낌이 들며 불에 잘 타지 않는 난연성으로 가발뿐 아니라 스웨터, 모포, 인형 등에도 사용된다.

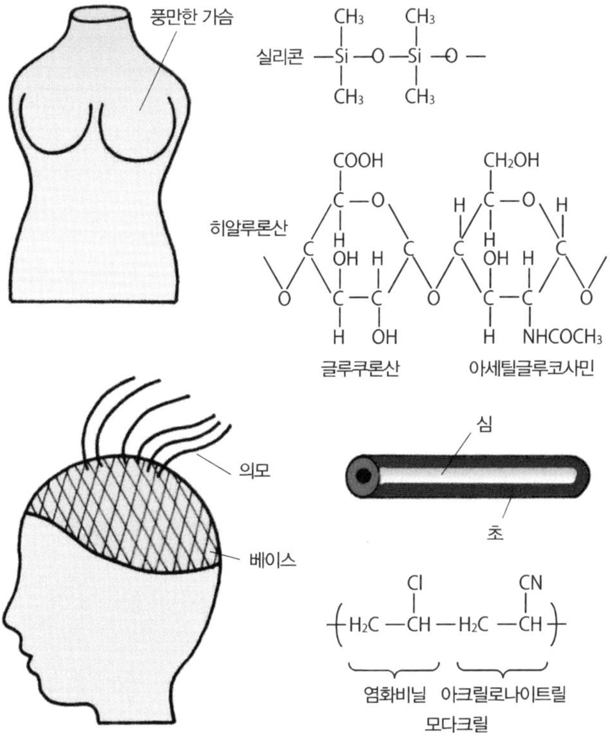

풍만한 가슴

실리콘

히알루론산

글루쿠론산　　아세틸글루코사민

의모

베이스

심

초

염화비닐　아크릴로나이트릴
모다크릴

손톱을 장식하는 네일아트는 이제 일상에 자리 잡았다. 손톱에 다양한 색을 칠하고 반짝이는 글리터를 뿌리고 보석이나 진주를 장식하기도 한다.

① 네일아트

본래 네일아트는 실제 손톱을 장식하는 행위를 뜻했었다. 이를 스캅춰라고 한다. 가소성 소재를 실제 손톱에 바르거나 접착해서 장식한다. 외관상 자연 손톱처럼 보이게끔 손톱 자체를 만들 수도 있어서 질병이나 사고로 변형·변색한 손톱을 보호 및 재건하기 위한 의료 목적으로 네일아트를 수행하기도 한다.

편리하고 간단한 방법으로는 네일팁을 사용하는데 인조 손톱이라고 부르기도 한다. 즉 플라스틱 소재로 손톱 모양을 본떠 만들어서 그 위에 원하는 장식을 시술한 후 실제 손톱에 부착하는 방식이다.

이 방법은 필요에 따라 언제든지 제거할 수도 있고 기분에 따라 원하는 디자인의 네일팁을 부착할 수 있다.

② 매니큐어

네일아트의 기본은 손톱에 색을 칠하는 **매니큐어** 또는 발톱에 색을 칠하는 **페디큐어**이다. 매니큐어나 페디큐어 모두 도료 소재로는 **2-2**(p.32)에서 살펴본 **아크릴 도료** 또는 셀룰로이드의 원료인 **나이트로셀룰로스**가 주로 사용된다.

나이트로셀룰로스는 **셀룰로스**에 **나이트로기**가 결합한 것인데 나이트로기는 **7-1**과 **7-2**(p.128~131)에서 설명한 폭약에 사용되는 치환기이다. 셀룰로이드가 사라진 가장 큰 이유가 불이 쉽게 붙는다는 점에서 알 수 있듯

이 나이트로셀룰로스는 매우 불이 잘 붙는 물질이므로 매니큐어나 페디큐어를 칠할 때는 화기에 주의해야 한다.

바른 매니큐어를 제거하기 위해서는 리무버를 사용한다. 주성분은 아세톤인데 이 또한 인화성이 강한 물질이므로 화기 엄금이다. 실제로 네일아트와 관련한 질병 및 사고로는 염증 및 화상, 곰팡이가 상위를 차지한다.

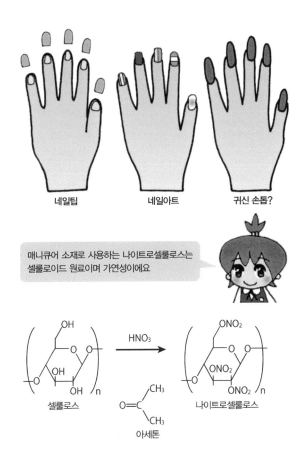

네일팁　　　　　네일아트　　　　　귀신 손톱?

매니큐어 소재로 사용하는 나이트로셀룰로스는 셀룰로이드 원료이며 가연성이에요

셀룰로스　　　　　　　나이트로셀룰로스

아세톤

인공 투석과 인공 폐를 보조하는 유기화합물

신장 기능을 상실한 사람은 정기적으로 **인공 투석**을 통해 혈액 속 노폐물을 제거해야 한다. 또한 심장 수술에서는 수술을 수월하게 진행하기 위해 심장뿐 아니라 폐 기능도 정지시킨다. 따라서 수술 시간 동안은 **인공 폐**로 혈액에 산소를 보내야만 한다.

두 장기는 기능적으로 완전히 다르지만, 인공으로 기능을 수행할 때는 비슷한 장치를 사용한다.

① 인공 투석

인공 투석의 원리는 체로 거르는 작업과 같다. 혈액을 체에 걸러 작은 노폐물을 분류해서 제거한다.

체의 역할을 하는 부분은 **반투막**이다. 반투막은 물 정도의 작은 분자는 통과하지만, 큰 분자는 통과하지 못하는 막이며 세포막 및 7-8(p.142)에서 살펴본 **셀로판**을 예로 들 수 있다.

인공 투석은 투석액에 담근 가느다란 튜브에 혈액을 흘려보낸다. 튜브는 반투막으로 만들었는데 혈액이 지나가면 혈액 중 노폐물은 반투막의 구멍을 통해 투석액으로 스며드는 원리이다. 튜브의 소재는 셀로판 외에도 **아크릴 수지** 및 **폴리프로필렌** 등의 플라스틱을 사용한다. 튜브의 직경은 200~300µm, 두께는 20µm, 구멍의 직경은 0.002~0.02µm 정도다.

② 인공 폐

인공 폐의 구조는 인공 투석과 유사하다. 단 이번에 튜브 속에 흘려보내는 것은 산소이며 이 튜브를 담근 액체가 혈액이다. 튜브 속에 있는 산소는 튜브의 구멍을 통과해서 혈액으로 들어가며 그곳에서 적혈구와 접촉해

8–1(p.160)에서 살펴본 헤모글로빈과 결합해서 세포로 운반되는 구조다. 튜브의 소재는 주로 폴리프로필렌이며 이를 실리콘 수지로 덮기도 한다. 9–2(p.180)에서 설명했듯, 실리콘은 산소 투과성이 우수하기 때문이다.

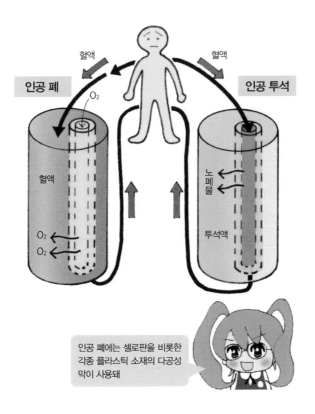

인공 폐에는 셀로판을 비롯한 각종 플라스틱 소재의 다공성 막이 사용돼

인공 간과 인조 혈관을 만드는 유기화합물

이상적인 인공 장기는 전체를 인공물로 만들되 소형으로 만들어 몸속에 넣을 수 있어야 한다. 인공 신장(인공 투석) 및 인공 폐는 모두 인공물로 만들었지만 크기가 문제였다. 한편 인공 간과 인조 혈관은 완전한 인공물이 아닌 인공물과 천연물을 합쳐 만든 장기이다.

① 인공 간

신장은 여과 폐는 산소와의 접촉처럼 각각의 장기의 기능은 기계적이고 물리적이다. 이에 비해 간의 기능은 유해 물질의 분해 및 해독이며 화학적이다.

화학적인 기능은 대단히 복잡하다. 특정 유해 물질에 관해서라면 인공적으로 기능 대행이 가능하겠지만, 간처럼 보편적인 유해 물질에 대한 기능 대행은 현대 과학으로도 불가능하다. 그래서 절충안이 등장했다. 화학 작용은 실제 간세포에 맡기고 그 세포를 유지하는 장치만을 인공적으로 마련하는 방법이다.

사용하는 천연 장기는 돼지의 간이다. 이를 분해해서 하나하나 세포로 만들어 용기에 넣고 그 용기 안에 앞 챕터에서 설명한 튜브를 넣되 튜브에는 혈장만 통과시킨다. 혈장만 통과하게 하는 이유는 면역을 관장하는 백혈구까지 통과시키면 면역 거부 반응이 발생하기 때문이다.

유해 물질을 제거한 혈장은 혈구 부분과 합쳐진 후 다시 체내로 돌아간다.

② 인조 혈관

혈관의 문제는 혈액이 이물과 접촉하면 굳어서 혈전이 생긴다는 점이다. 인조 혈관으로 인해 발생한 혈전이 혈류를 타고 뇌에 도달해 뇌혈관을 막으면 뇌 혈전으로 이어진다. 따라서 혈전이 발생하지 않도록 고안해야 한다.

인조 혈관의 종류는 다양하지만, 그중 하나로 자가 조직을 이용하는 방법이 있다. 조직에 잘 적응하는 합성 섬유로 만든 튜브에 원통형 구조물인 심봉을 넣은 상태로 환자 몸에 이식한다. 체조직이 섬유 안에 들어가 증식한 상태로 다시 꺼내, 심봉을 제거해서 혈관으로 사용하는 방식이다. 이렇게 만든 인조 혈관의 표면은 체조직으로 덮여 있으므로 혈전이 생기지 않는다는 원리다.

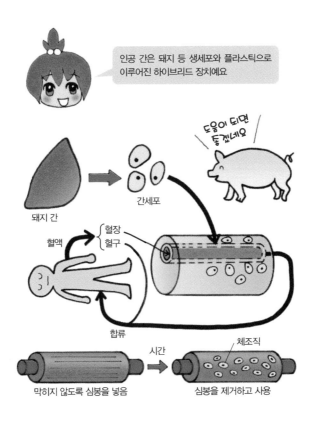

인공 간은 돼지 등 생세포와 플라스틱으로 이루어진 하이브리드 장치예요

도움이 되면 좋겠네요

돼지 간

간세포

혈액

혈장
혈구

합류

시간

체조직

막히지 않도록 심봉을 넣음

심봉을 제거하고 사용

9-8 · 인공 피부를 만드는 유기화합물

우리는 화상 등으로 넓은 면적의 피부가 손상을 입기도 한다. 이럴 때 몸의 다른 부분에서 피부를 떼어와 환부에 이식하는 피부 이식이 시행된다. 하지만 피부를 떼 낸 부분은 언젠가 재생된다고는 하지만 사실 새로운 상처를 내는 일이기는 하다. 인공적인 피부라면 새로운 상처가 나는 일은 막을 수 있다.

① 콜라겐

인공 피부 연구는 발전을 거듭해 최첨단을 달리는 미국에서는 단순히 피부만 만드는 데 그치지 않고 체모가 나는 피부 연구가 진행되고 있다.

인공 피부는 명칭에 '인공'이라는 단어가 들어가기는 했지만, 앞 챕터에서도 등장한 인공물과 천연물의 합작품이다. 또는 더 앞에서 살펴본 셀로판처럼 천연물을 재구축한 물질이라고 말하는 편이 정확할 수도 있다.

사용하는 천연물은 몸의 결합 조직을 구성하는 단백질인 **콜라겐**이다. 콜라겐의 구조는 다음 페이지 그림에 나타냈듯 3가닥의 단백질 섬유가 3중 나선으로 꼬인 상태다. 중앙은 단순 단백질이지만, 바깥쪽 2가닥은 면역 반응을 일으키는 **텔로펩티드**라는 물질이다. 이에 효소를 사용해 이 부분을 제거하고 중앙 부분만 추출해서 **아텔로콜라겐**을 만든다.

② 인공 피부의 구축

환자 피부에서 진피 부분을 제거하고 이를 효소로 분해해 섬유아세포를 추출한다. 이를 아텔로콜라겐 용액에 넣으면 섬유아세포를 핵으로 삼아 아텔로콜라겐이 뭉쳐 젤리 형태가 된다. 이대로 계속 배양하면 섬유아세포가 증식해서 전체적으로 진피와 가까운 상태가 된다.

여기에 환자 피부의 표피 부분을 세포로 분화시킨 물질을 감싸준다. 그러면 앞서 만들어 둔 젤리 형태 부분 위에 표피 세포가 증식해 표피와 진피로 이루어진 피부가 만들어진다. 이 물질을 인공 피부라고 부를지에 대해서는 논의의 여지가 있기는 하지만, 적어도 인공적인 방법으로 생성된 피부라고는 할 수 있다. 이렇듯 자연과의 협력 관계는 향후 화학뿐 아니라 과학이 나아가야 할 길 중 하나가 될 것이다.

α-1
α-2
α-3

텔로펩티드   트로포콜라겐   텔로펩티드 부분

펩신으로 분해

아텔로콜라겐

콜라겐 용액

섬유아세포

진피 상태

표피 세포

표피에 해당
진피에 해당

인공 피부는 환자의 세포를 인공적인 배양 시설에서 배양하기도 해

젤리 표면은 마치 곰팡이가 슨 것처럼 보여

· 인공 미각 센서를 보조하는 유기화합물

생체는 다양한 센서를 가지고 있다. 시각 · 청각 · 촉각 · 후각 · 미각의 오감은 각각 독립한 센서다. 이 중에서 미각은 인공적으로 재현할 수 있다고 한다.

① 미각

미각은 설명할 필요 없이 음식의 맛을 식별하는 감각이다. 인간의 미각은 혀에 있는 미세포로 지각한다. 그 구조는
① 미세포의 세포막인 수용막에 맛 분자가 결합하면
② 수용막의 막전위가 변화해서
③ 신경 세포를 통해 뇌에 전달된다.

② 인공 미각 센서

위의 구조는 맛 물질로 인해 수용막에서 일어나는 막전위 변화가 맛 식별의 열쇠를 쥐고 있음을 시사한다. 이에, 5-7(p.100)에서 살펴본 분자막을 사용해 인공 미각 센서를 구축한 연구가 있다.

유리 용기를 분자막을 사용해 반으로 나눈다. 분자막도 종류가 다양하므로 총 8종류의 분자막과 8종류의 용기를 사용한다. 각각에 1~8까지 번호를 달아 둔다.

각각의 용기 한쪽에는 표준 용액을 넣고 다른 한쪽에는 측정 용액(식염수 등)을 넣는다. 그리고 막전위를 측정하면 같은 용액의 조합이더라도 분자막에 따라 막전위가 달라진다. 이를 다음 페이지에 그래프로 나타냈다.

그래프 A는 NaCl, KCl, KBr로 모두 짠 물질이다. 꺾은선 3개 모두 비슷한 양상을 보인다. 이는 그래프에서 이러한 양상을 보이는 물질은 짜다는 점을

나타낸다.

그래프 B는 쓴맛이다. 측정에 사용한 3종류의 분자는 분자 구조적으로 유사점이 전혀 없다. 유사점이라고는 인간이 쓰다고 느낀다는 사실 정도이다. 하지만 그래프는 서로 유사한 양상을 보인다. 즉 이 장치를 인공 미각 센서로 사용할 수 있음을 보여준다.

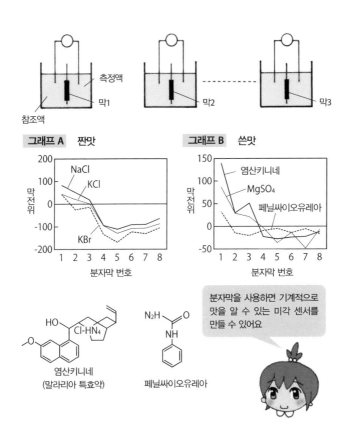

측정액
막1
참조액
막2
막3

그래프 A 짠맛

막전위

NaCl
KCl
KBr

분자막 번호

그래프 B 쓴맛

막전위

염산키니네
MgSO₄
페닐싸이오유레아

분자막 번호

염산키니네
(말라리아 특효약)

페닐싸이오유레아

분자막을 사용하면 기계적으로 맛을 알 수 있는 미각 센서를 만들 수 있어요

회양목 빗보다 더 좋은 회양목 틀니

"봄이 지나 썩은 고목에 새싹이 나는 것처럼 늙은이 입에도 다시 이가 나는구나!"

일본 고전 시의 한 구절이다. 에도시대의 사학자 모토오리 노리나가가 읊은 기쁨의 노래다. 여기서 새싹은 치아를 뜻한다. 노년의 몸에 새싹처럼 치아가 다시 생겨 기쁨을 감추지 못하는 모습이다.

물론 아무리 에도시대라도 영구치가 다시 나지는 않을 테니, 결국 잘 맞는 틀니를 손에 넣어서 기뻐하는 내용이다. 조금 과장된 느낌도 들지만, 당사자에게는 절실한 문제였을 테다.

비슷한 무렵 스기타 겐파쿠는 틀니 상태가 좋지 않다는 내용의 불만 섞인 편지를 친구에게 보냈다고 하니 틀니를 만드는 틀니 장인의 솜씨도 제각각이었던 것으로 보인다. 그 시대도 현대와 비슷한 상황이었나 보다.

당시 틀니 재료는 **회양목**을 사용한 목재였으며 상당히 정교했다고 한다. 여성용은 표면을 태워 오하구로[3]처럼 보이게 만들었다고 하니 감탄할 따름이다.

꼭 맞는 틀니

---

3 주로 기혼 여성들이 행하던 치아를 검게 칠하는 풍습

제10장

건강에 도움을 주는 유기화합물

건강을 유지하게끔 하고 병에 걸렸을 때 치유해 주는 것은 유기물이다. 상처가 나 고통스러워할 때 진통제만큼 고마운 존재가 없다. 약은 신의 은혜처럼 생각하기 쉽지만 잘못 사용하면 독이 된다. 반대로 독물로 취급받으며 멀리했던 화학 물질이 유용한 약제로 재조명받기도 한다.

좋은 향기를 맡으면 기분 행복해지고 악취를 맡으면 기분이 나빠진다. 향기에는 우리의 기분을 좌우하는 기능이 있는 것으로 보인다. 이를 활용한 것이 아로마 테라피다.

① 식물의 향기

8-8(p.174)에서 살펴봤듯이 물질의 향기나 냄새는 냄새 분자의 작용으로 인해 발생한다. 냄새 분자의 종류는 다양한데, 식물성이면서 동양에서 선호하는 냄새로는 송이버섯 향이 있다.

송이버섯의 향은 **버섯 알코올**이라는 분자에서 발생한다. 버섯 알코올은 송이버섯뿐 아니라 표고버섯, 라벤더, 민트, 대두, 맥주, 하물며 고기 등 자연계에 폭넓게 존재하는 분자다.

② 동물의 향기

동물성 향기 중 세계적으로 방향으로 인정받는 향은 사향노루의 생식샘에서 분비되는 **사향, 무스콘**이다. 무스콘은 8-5(p.168)의 페로몬에서 소개했듯 적어도 사향노루 암컷의 행동에 직접적인 영향을 미치는 힘이 있는 분자다.

그런데 무스콘이랑 닮은 구석이라고는 없는 구조의 분자 A나 B도 사람이 맡으면 사향 향기와 같다고 느끼니 신기한 일이다.

③ 아로마 테라피

향기를 맡음으로써 힐링 효과를 얻고 이에 더해 향초(香草)를 사용해 건강에 도움을 줄 수 있는 요법이 아로마 테라피다. 방향을 맡으면 사람은 심신이 힐링 되고 사향을 맡으면 행복한 기분이 든다고 하는데 분자 A나 B를 맡으면 심리적으로 안정은 될지언정 건강에도 도움을 줄 수 있는지는 의문이다.

이런 관점이라면 아로마 테라피가 향기만으로 작용하는 심리적 효과인지 아니면 분자에 의한 직접적 · 생리적 효과가 있는지는 확인이 필요해 보인다.

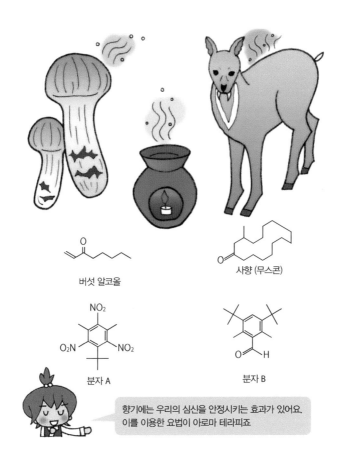

버섯 알코올

사향 (무스콘)

분자 A

분자 B

향기에는 우리의 심신을 안정시키는 효과가 있어요. 이를 이용한 요법이 아로마 테라피죠

다이어트 감미료에 사용되는 유기화합물

단맛을 먹으면 행복해진다. 좋은 향료와 마찬가지로 아무래도 단맛에는 사람의 마음을 부드럽게 만드는 기능이 있는 것 같다. 하지만 칼로리가 마음에 걸린다. 행복해지고 싶지만, 살이 찌고 싶지는 않다. 이런 요구에 부응하듯이 **설탕**보다 몇백 배 단맛이 강한 **인공 감미료**가 개발되었다.

1 설탕

설탕은 사탕수수에서 채취한 액체를 농축 정제한 것으로 설탕의 순수한 성분은 자당, 수크로오스라고 한다.

당은 식물이 광합성을 통해 만들게 되며 단위 구조 당이 여러 개 결합해 더욱 복잡한 당이 된다. 자당은 2종류의 단당, 즉 글루코스(**포도당**)와 프럭토스(**과당**)가 결합한 물질이며 **이당류**라고 한다.

따라서 자당을 가수분해하면 포도당과 과당을 생성한다. 이는 전화당이라고 하는데 설탕보다 달고 독특한 풍미가 있어 베이킹 등에 주로 쓰인다.

2 인공 감미료

당뇨병 환자는 설탕을 줄여야만 하고 다이어트를 위해서라도 고칼로리인 설탕은 피해야 한다. 이에 저칼로리이면서 단맛을 내는 물질이 다양하게 고안 및 개발되었다.

설탕의 200~700배 단 **사카린**이나 200배 단 **둘신**은 이른 시기에 개발되었지만, 둘신은 유해하다고 해서 사용이 금지되었다. 사카린도 한때 사용 금지가 되었지만, 그 후 본래 지위를 회복했다.

현재 단맛이 강한 인공 감미료로 알려진 물질은 아미노산이 단순히 2개 결합한 **아스파탐**(설탕 당도의 200배), 자당의 하이드록시기를 염소로 치환한 수크랄로스 등이 있다. 하지만 아스파탐은 체내에서 분해되면 페닐알라닌이 발생해 페닐케톤뇨증을 앓는 사람에게는 위험하다. 또한 수크랄로스는 자당 당도의 600배에 달하지만, 138℃ 이상으로 가열하면 극물인 염화수소 HCl를 발생시킨다고 알려져 있다.

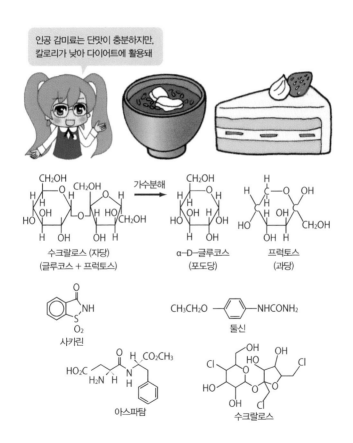

인공 감미료는 단맛이 충분하지만, 칼로리가 낮아 다이어트에 활용돼

수크랄로스 (자당)
(글루코스 + 프럭토스)

가수분해

α-D-글루코스
(포도당)

프럭토스
(과당)

사카린

둘신

아스파탐

수크랄로스

10-3 해열 소염제의 어머니와 자매 격인 유기화합물

견해에 따라서는 **의약품**이야말로 거대한 유기 기능 화합물일 수 있다. 열에 시달릴 때 먹는 해열제, 통증에 괴로워할 때 먹는 진통제 등은 신의 은혜처럼 느껴진다. 하지만 의약품을 소개하기 시작하면 끝이 없다. 이번 챕터에서는 유명하면서도 기본적인 약과 명예를 회복한 약을 소개하겠다.

① 어머니: 살리실산

기본적인 약제로써 먼저 소개하는 약은 어머니와 두 자매에 비유할 수 있다. 어머니는 살리실산으로 19세기에 이미 발견된 물질이다.

에도시대 일본에서는 치통이 있을 때 버드나무 가지를 씹는 습관이 있었으며 해외에서도 버드나무에 진통 효과가 있다고 알려져 있었다. 그 버드나무에 추출한 물질이 살리실산이다. 살리실산은 오랜 기간 진통제로 사용되었다. 지금도 티눈 제거 등에 사용된다.

② 자매: 아세틸살리실산과 살리실산메틸

어머니인 살리실산에서 탄생한 두 자매가 아세틸살리실산과 살리실산메틸이다. 살리실산은 효과는 좋았지만, 심한 위장장애를 일으킨다는 부작용이 있었다.

이러한 부작용을 완화한 물질이 아세틸살리실산이다. 아세틸살리실산은 1897년에 개발되어 '아스피린'이라는 상품명으로 판매되었다. 인류 최초 합성 약품으로 알려져 있다. 이후 110년이 넘는 세월 동안 여전히 해열 진통제로 잘 팔리고 있으니 경이로운 일이다. 특히 미국의 경우 아스피린을 만병통치약처럼 여겨 건강한 사람도 비타민을 먹듯 아스피린을 먹는다고 한다.

한편 살리실산메틸은 근육 소염제로 유명하다. 일본에서는 '사로메틸'이라는 제품명으로 1921년 처음 출시된 이래 여전히 잘 팔리고 있다.

이렇게나 구조가 간단하고 합성도 간단하고 효과도 명확하면서 서로 유사체인 약제는 위 3가지 외에는 찾아볼 수 없다.

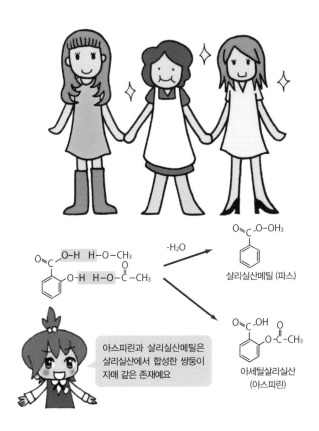

살리실산메틸 (파스)

아세틸살리실산
(아스피린)

아스피린과 살리실산메틸은 살리실산에서 합성한 쌍둥이 자매 같은 존재예요

10-4 · 다이너마이트에서 협심증 특효약으로

예전 약제는 모두 천연물이었다. 식물, 동물, 광물 등 모든 천연물에서 의약품(일 수도 있는 것)을 수집했다.

1 의약품의 발견

수집한 의약품으로 추정되는 물질은 의심쩍은 수법으로 임상 실험이 이루어졌고 효과가 있는 물질이 약으로 인정받았다. 그만큼 그 이면에는 약효도 없는 물질을 계속 먹거나 독물을 먹어서 목숨을 잃는 등 다수의 희생자가 있었을 것이다. 의약품은 이런 방식으로 수많은 천연물에서 우연히 발견되었다. 하지만 합성품에서 우연히 발견된 의약품이 있다. 바로 **나이트로글리세린**이다.

2 다이너마이트가 의약품으로

나이트로글리세린은 협심증 특효약으로 유명한데 그와 동시에 7-1 (p.128)에서 살펴봤듯이 다이너마이트의 원료로도 알려져 있다. 다이너마이트의 원료인 폭약에 협심증의 특효약 기능이 있다는 사실을 도대체 누가 어떤 계기로 알게 되었을까?

다이너마이트 제조 공장에 협심증 지병을 앓는 직원이 있었다고 한다. 이 사람은 다이너마이트 공장에서 일하기 전에는 비정기적으로 발작을 일으켰었는데 공장에서 일하기 시작하고서는 달라졌다. 발작은 집에서만 일어났고 공장에 있을 때는 발작이 일어나지 않았다. 이를 통해 공장에 발작을 완화하는 무언가가 있다고 추측하게 되었고 결국 기능 발견으로 이어졌다고 한다. 이 발견으로 노벨도 목숨을 건졌다.

나이트로글리세린은 혈관을 확장하는 기능이 있어 이 기능이 협심증을 완화한 것이다. 이는 나이트로글리세린이 체내에서 분해될 때 발생하는 일산화질소 NO가 작용했기 때문이다. 이 메커니즘을 발견한 연구자는 1998년에 노벨상을 받았다.

특효약을…

으으

협심증을 날려버리다!!

펑!!

다이너마이트 공장에서는…

그런데 집에 돌아오면…

끄응

나이트로글리세린은 다이너마이트에 사용되는 폭약이지만, 협심증 특효약이기도 해

　　나이트로글리세린은 폭약이 의약품이 된 사례였다. 마찬가지로 독가스가 의약품이 된 사례도 있다. 무려 항암제다.

① 화학 병기

　　화학 병기란 전장에서 적군에게 피해를 줄 목적으로 개발된 화학 물질을 말한다. 1995년 일본 도쿄에서 발생한 옴진리교 사건으로 유명해진 **사린 및 VX** 등은 현대 화학 병기다. 화학 병기의 역사는 오래되었으며 그리스 시대에는 유황을 흡수시킨 천에 불을 붙여 적진에 던졌다고 한다.

　　화학 병기가 주목받기 시작한 시점은 제1차세계대전이며 염소 Cl_2 및 염산 HCl, 포스겐 $COCl_2$, 청산가스 HCN 등 독물로 추정되는 기체는 모두 시도되었다.

② 항암제

　　이 중에서 겨자 가스라는 물질이 있다. 겨자와 유사한 냄새가 난다고 붙여진 이름이며 이프르 전투에서 최초로 사용했다고 해서 이페리트라고도 불린다. 피부가 문드러지고 폐 침윤을 일으키는 끔찍한 기체다.

　　그런데 이 병기 피해를 당한 병사 중에 악성 종양 및 암이 호전되었다는 사람이 있었다고 밝혀지면서 개발된 물질이 **질소 머스타드**이며 현대의 시스플라틴 등 백금 계열 항암제이다.

③ 항암제의 기능

　　이들 약제의 효과는 일반적으로 **알킬화**라고 불리며 DNA의 이중 나선에서 나선을 구성하는 2가닥의 DNA 사슬 간에 **가교 구조**를 만들어서 DNA

이중 나선이 분열하지 않도록 하는 작용을 한다. 8-2(p.162)에서 설명했듯, DNA는 분열하지 않으면 복제할 수도 없다. 즉 DNA는 증식하지 못하고 결과적으로 암세포는 세포 분열을 할 수 없어지므로 암 증식을 억제할 수 있다는 원리다.

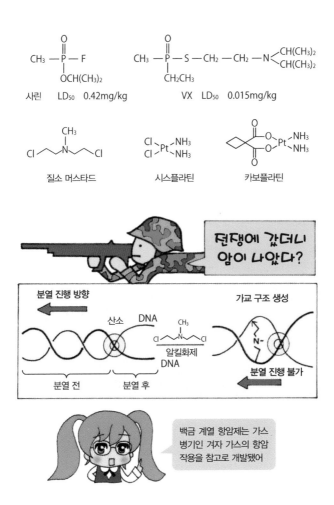

독과 약은 한 끗 차이라고 하는데 독으로 다뤘던 화학 물질이 갑자기 약으로 인정받게 된 사례가 있다.

1 탈리도마이드

1961년, 약제 역사에 길이 남을 발표가 있었다. 탈리도마이드 제조 및 판매를 중지한다는 내용이었다.

탈리도마이드는 독일 제약사 그뤼넨탈에서 개발 판매한 수면제이며 수면 및 기상 시 컨디션도 양호한 좋은 수면제로 전 세계에서 애용했었다. 그런데 판매한 지 한참 지나서 전 세계에서 기이한 출산이 이어졌다. 팔이 없는 등 장애가 있는 아이가 태어난 것이다.

조사 결과 임신 초기에 탈리도마이드를 먹은 임부에서 나타난 현상이었으며 탈리도마이드 부작용이라는 사실이 밝혀졌다. 이 증상은 탈리도마이드 증후군이라고 불리며 탈리도마이드는 악마의 약으로 사회에서 퇴출당했다.

2 항암제

연구 결과 탈리도마이드는 세포 증식을 저해하는 작용이 있음을 알아냈다. 따라서 아기의 팔이 발달하지 못한 것이다. 하지만 여기에서 한 줄기 빛을 찾은 의료 관계자가 있었다.

암은 암세포가 이상적으로 증식하면서 발병한다. 그렇다면 암 환자에게 탈리도마이드를 투여하면 암 증식을 억제할 수 있지 않을까? 이러한 예상을 바탕으로 세심한 감시하에 암 환자에게 탈리도마이드가 투여되었다. 결과는 예상 대로였다. 암세포가 위축한 것이다.

이렇듯 한때는 판매 및 사용이 금지된 약제였지만, 의사의 엄중한 감시 아래라는 조건에서는 사용이 인정되었다. 탈리도마이드는 한센병 통증을 덜어 주는 효과도 있다고 한다.

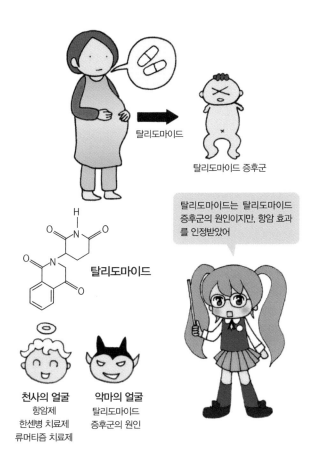

10-7 치매 치료제가 된 유기화합물: 키노포름

1950~60년대에 걸쳐서 일본 전역에서 공해가 발생했다. 이타이이타이 병, 미나마타병, 모리나가 비소 분유, 욧카이치 천식, 니가타 미나마타병, 가네미유증 사건 등 아직도 후유증에 시달리고 있는 사건이 일어났다.

① 스몬 병

이러한 배경에서 1967년쯤 일본 전국에서 이상한 병이 등장했다. 복통이 발생하고 다리에 힘이 들어가지 않아 보행이 어려워지고 심하면 시력 장애까지 나타난다. 원인을 모른 채 스몬 병이라는 명칭이 붙은 이 병을 앓는 환자가 1만 명에 달했다고 한다.

상세한 조사 연구 결과 원인이 밝혀졌다. 이는 정장제로 시판 중이었던 키노포름에 의한 약물 중독이었다. 환자 단체가 조직되고 피해배상을 요구하며 집단 소송이 진행되었다. 1991년 겨우 합의가 성립되었는데 배상받은 원고 수 6,470명, 총배상 금액 1,430억 엔에 달하는 대규모 사건이었다.

② 알츠하이머병

그렇게 끔찍한 결과를 가져온 키노포름이었지만, 최근 키노포름은 의외의 질병에 효과가 있다는 사실을 알아냈다. 알츠하이머병이다. 알츠하이머병은 단순한 노인성 치매가 아니라 뇌 위축을 동반한 병의 일종으로 알려져 있다.

알츠하이머 환자에게 키노포름을 처방하면 환자가 스몬 병에 걸리지는 않을지 걱정될 법도 하지만, 그럴 필요는 없다. 그 후 연구로 스몬 병의 원인이 밝혀졌기 때문이다. 스몬 병은 비타민B$_{12}$ 부족으로 인한 병이었다. 키노포름이 체내 비타민B$_{12}$를 분해 배설하고 있었던 것이다. 그러므로 현재 키노포름을 처방할 때는 비타민B$_{12}$를 대량으로 투여해서 스몬 병 발병을 억제하고 있다.

알츠하이머의 원인은 아직 밝혀지지 않았다. 하지만 키노포름이 알츠하이머병을 치유하는 한편 그 키노포름이 비타민B$_{12}$를 파괴하고 그 비타민B$_{12}$는 3가 금속인 코발트를 포함하고 있으니, 어떤 3가 금속이 관련 있을지도 모를 일이다.

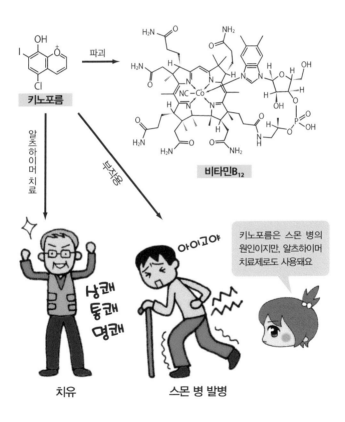

10-8 · 독성도 유기화합물의 기능 중 하나

물질의 기능 중에서는 인간에게 해를 끼치는 기능도 있다. 바로 독물이다. 하지만 독물은 사용법에 따라서는 약물이 되기도 한다. 그 사례는 다음 챕터에서 보기로 하고 여기서는 독성에 대해 살펴보자.

① 치사량

독물은 생물을 죽이는 기능을 가진다. 하지만 물도 대량으로 마시면 물 중독으로 사망하기도 하는 등 대부분의 물질은 대량 섭취하면 유해하다. 따라서 독이란 '소량으로 생물을 죽음이 이르게 하는 물질'이다.

그렇다면 실제로 사람을 죽음에 이르게 하기 위해서는 어느 정도의 양을 먹어야 할까? 그것이 치사량이다. 예를 들어 한 독물 1g을 100마리의 쥐에게 먹였더니 10마리가 죽었다. 2g으로 양을 늘렸더니 100마리의 반인 50마리가 죽었다. 이번에는 5g으로 늘렸더니 모든 쥐가 죽었다고 가정해 보자.

이때 2g을 해당 독물의 50%의 치사량, LD_{50}이라고 한다. 쥐와 인간은 체중이 다르므로 체중 1kg당 치사량을 표로 기재했다. LD_{50}이 작은 독물일수록 강한 독이라는 의미이다.

② 독의 치사량 순위

다음 페이지의 표에 몇 가지 독을 LD_{50}이 큰 순서로 정리했다. 즉 독의 치사량 순위이다.

상위 2개 물질은 모두 세균이 내뿜는 독소다. LD_{50}이 다른 독물에 비해 눈에 띄게 작은 맹독임을 알 수 있다. 라이신은 아름다운 꽃이 피는 피마자라는 식물의 종자에 포함된 물질로 맹독으로 알려져 있다. 설사약으로 사용하는 피마자유는 이 종자에서 채취해 만들었다는 점을 기억하면 좋다.

청산가리는 범죄·추리극에서 빠짐없이 등장하는 맹독인데 니코틴의 독성은 이 청산가리보다 강하다. 독은 예상하지 못 한 곳에 존재한다. 복어 독인 테트로도톡신보다 강한 팔리톡신의 경우 최근에 강담돔 등에 포함되어 있다는 사실을 알아내며 낚시로 잡은 물고기를 먹을 때는 조심해야 한다는 주의 사항의 원인이 되기도 했다.

독의 치사량 순위

순위	독성 물질 명칭	치사량 LD₅₀(μg/kg)		유래
1	보툴리눔 독소	0.0003	●	미생물
2	파상풍 독소(테타뉴스 독성물질)	0.002	●	미생물
3	라이신	0.1	○	식물 (피마자)
4	팔리톡신	0.5	●	동물
5	바트라코톡신	2	●	동물 (독화살개구리)
6	테트로도톡신 (TTX)	10	●	동물 (복어) / 미생물
7	VX	15	●	화학 합성
8	다이옥신	22	●	화학 합성
9	d-튜보큐라린 (d-Tc)	30	○	식물 (큐라레)
10	바다뱀 독	100	●	동물 (바다뱀)
11	아코니틴	120	○	식물 (투구꽃)
12	아마니틴	400	●	균류 (버섯)
13	사린	420	●	화학 합성
14	코브라 독	500	●	동물 (코브라)
15	파이소스티그민	640	○	식물 (칼라바르콩)
16	스트리크닌	960	○	식물 (마전자)
17	비소 (As₂O₃)	1,430	●	광물
18	니코틴	7,000	○	식물 (담배)
19	청산칼륨	10,000	○	KCN
20	염화제이수은	29,000 (LD₀)	●	광물 Hg₂Cl₂
21	아세트산탈륨	35,200	●	광물 CH₃CO₂Tl

「그림으로 알아보는 잡학 독의 과학」 Shinji Funayama(Natsumesha, 2003) 일부 수정

독의 강도는 반수 치사량으로 나타내. 양이 적을수록 맹독이야

뭐든 쓰기 나름이라고 독이 될지 약이 될지는 그 양이 중요하다. 적당량 먹으면 약이 되지만, 많이 먹으면 독이 된다. 예전에는 수면제로 자살하는 경우가 많았다.

① 보툴리눔 독소로 회춘

앞 챕터의 순위표에서 당당히 1위를 차지한 독은 **보툴리누스균**의 독소인 **보툴리눔 독소**였다. 보툴리누스균은 산소를 혐오하는 혐기균이며 절인 음식이나 병조림 등에서 번식한다. 중독되면 근육의 힘이 약해져 호흡할 수 없게 되어 죽음에 이르는 독소다. 현재는 유효한 혈청이 있지만, 예전에는 눈에 띄게 치사율이 높은 중독이었다.

그런데 이 독을 얼굴 주름 제거에 활용할 수 있다(통칭 보톡스). 보툴리누스균이 근육의 움직임을 약화한다는 점을 이용한 방법으로 주름 부분에 보툴리누스균 희석액을 주사하면 그 부분의 표정 근육이 마비되어 표정 주름이 옅어진다. 단 효과는 영구적이지 않아서 반복해서 주사해야 한다.

② 마약

일과성 독물이 아닌 사용자를 중독에 빠져들게 하고 이윽고 인격을 파괴하는 무서운 독물이 있다. **마약** 및 **각성제**이다. '마약'과 '각성제'를 혼동해서 사용하는 경우가 많은데 일반적으로 각성제는 메스암페타민 등 화학적으로 합성된 물질을 뜻한다.

이에 비해 마약은 양귀비 열매의 진액에서 채취하는 물질로 **모르핀**과 **코데인**이 주성분이다. 이 물질의 유용성은 진통 작용이다. 특히 말기 암 환자의 극심한 통증을 완화하는 약품으로 활약하고 있다.

이 물질들의 효과를 더욱 강력하게 해서 개발한 것이 **헤로인**이다. 헤로인은 모르핀을 무수 아세트산에 반응시키는 지극히 간단한 화학 반응을 통해 얻는 물질인데 진통 효과는 모르핀의 2~3배, 코데인의 20~30배이다. 단 마약 효과도 강력해 마약의 여왕이라고 불린다.

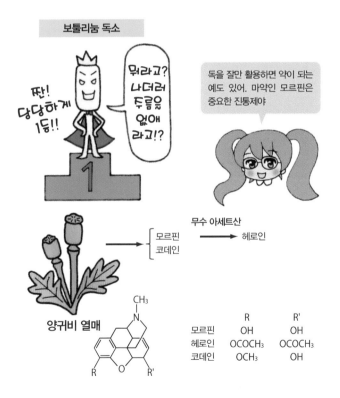

	R	R'
모르핀	OH	OH
헤로인	OCOCH₃	OCOCH₃
코데인	OCH₃	OH

노벨 화학상

2010년의 노벨 화학상은 일본인 화학자인 스즈키 아키라 교수와 네기시 에이키치 교수에게 수여되었다. 일본인 최초 노벨 화학상 수상자는 후쿠이 켄이치 교수가 1981년에 수상한 바 있다.

이때 후쿠이 교수와 미국의 호프만(R. Hoffmann) 교수가 수상했는데 사실 수상자가 한 사람 더 있었다. 바로 비타민B_{12} 합성으로 알려진 우드워드(R.B. Woodward) 교수였다. 아쉽게도 우드워드 교수는 이때 이미 작고해 수상 대상에 오르지 못했다.

하지만 우드워드 교수는 이미 비타민B_{12} 합성으로 노벨상을 받았기에 그렇게 아쉬워하지 않았을 수도 있다. 또한 우드워드 교수가 노벨상을 넘어선 대 화학자라는 사실을 모든 화학자가 인정하고 있다.

한편 노벨상을 2번 수상한 사람도 있는데 마리 퀴리(물리 · 화학), 라이너스 폴링(화학 · 평화), 프레더릭 생어(화학 2회), 존 바딘(물리 2회)의 4명이다. 이렇게 보면 노벨 화학상은 여러 번 수상하기 수월한 것 같다. 여러분도 열심히 노력해 보면 어떨까?

우드워드

노벨

제11장

환경에 도움을 주는 유기화합물

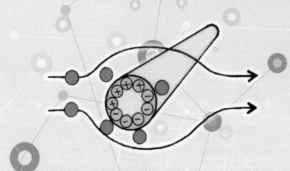

우리는 환경을 이용하고 환경의 보호를 받으며 생존한다. 다만 환경은 영원히 싱그럽고 아름다운 상태를 유지할 수 없다. 지금도 대기 오염, 해양 오염, 사막화가 진행되고 있다. 하지만 화학 물질은 이러한 환경을 정화하고 재생하기 위해서도 힘쓰고 있다. 한때는 환경 파괴의 원흉으로 여겨졌던 화학 물질이 어떠한 방법으로 환경 보호에 힘쓰고 있는지 살펴보자.

사막화는 지금 이 순간에도 진행되고 있다. 사막화 현상은 식물 감소로 이어진다. 식물은 식품과 자원을 공급해 줄 뿐 아니라 광합성을 통해 산소를 만드는 역할을 하니 사막화는 심각한 문제다.

① 지구에 산소를

식물을 태우면 반드시 **이산화탄소**가 발생한다. 하지만 이 이산화탄소는 지금 연소하고 있는 식물이 광합성을 통해 환경(대기)에서 얻은 것이다. 즉 식물을 태울 때는 환경에서 얻은 이산화탄소를 다시 환경으로 되돌리는 셈이므로 이산화탄소는 환경과 식물 사이를 순환할 뿐이다.

하지만 화석 연료는 다르다. 화석 연료에서 발생하는 이산화탄소는 고대의 이산화탄소다. 더 이상 그때의 이산화탄소를 회수할 식물은 이 세상에 존재하지 않는다. 화석 연료에서 발생한 이산화탄소는 지구상에 부채로서 쌓이게 된다.

② 고흡수성 고분자

이 이산화탄소를 산소로 바꿀 수 있는 대상은 식물밖에 없다. 하지만 사막화가 심각해지면서 식물이 줄어들고 있다. 사막에 녹음을 되돌리는 일은 시급한 과제이다.

하지만 물이 없는 사막에 식물을 심어도 고사할 뿐이니 장치가 필요하다. 바로 **고흡수성 고분자**이다. 고흡수성 고분자는 기저귀 등에 사용하는 플라스틱이며 자신의 중량의 1,000배의 물을 흡수할 수 있다. 이 플라스틱을 사막에 넣고 충분히 물을 흡수시킨 후에 나무를 심는다. 식물은 그 물을 흡수해서 성장한다. 급수는 필요하지만, 그 간격을 크게 늘릴 수 있다.

③ 고흡수성의 원리

고흡수성 고분자의 분자 구조는 아래 그림에서 확인할 수 있다. 요점은 3차원 그물망 조직 형태이며 COONa 그룹이 고밀도로 존재한다. 고분자가 물을 흡수하면 이 그룹은 전리되어 COO⁻의 음극 전하를 띠게 된다. 그러면 음극 전하 간 반발로 망 구조가 넓어지며 이 상태에서 물을 흡수하는 원리다. 흡수된 물은 망 구조 속에 확보되어 잘 발산되지 않는다.

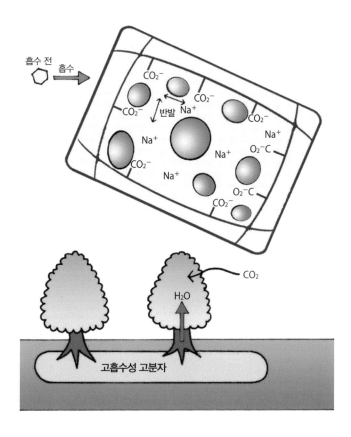

한때 수질 오염이 심각했던 시기가 있었지만, 지금은 현저히 좋아졌다. 하지만 아직 오염된 하천도 많으며 수초로 뒤덮여 파랗게 된 호수 및 저수지도 존재한다.

① 콜로이드

상수용 물을 확보하기 위한 첫 번째 작업은 수질 투명화다. 탁해진 물은 대개 장시간 방치하면 부유물이 침전해 투명해지지만 그렇지 않은 때도 있다. 그 원인으로는 불순물이 **콜로이드화**했을 가능성이 있다.

콜로이드란 본래 물속에 부유할 수 없는 크기인 거대 입자가 침전하지 않고 마치 용액 속의 용질처럼 물속에 떠다니는 상태를 말한다. 이러한 거대 입자를 **콜로이드 입자**라고 한다.

콜로이드의 구체적인 예시로는 우유가 있다. 우유 속에는 지방 및 단백질이라는 거대 입자가 떠다니는데 장시간 방치한다고 해서 거대 입자가 침전해 우유가 투명해질 일은 없다.

② 침전

콜로이드가 침전하지 않고 안정적인 이유는 **정전기** 때문이다. 즉 콜로이드 입자가 음극 또는 양극으로 하전 되어 서로의 전하를 밀어내는 정전 반발이 일어나 집합·응집하지 않고 부유하는 것이다.

이러한 콜로이드 입자를 강제로 **침전**시키는 물질이 응집제이다. 콜로이드 입자가 양극으로 하전했다면 음극 전하를 많이 가진 고분자를 첨가하면 콜로이드 입자가 고분자에 흡착해 서로 응집하면서 침전하게 되는 원리다.

최근에는 이러한 침전제로 주목받는 물질이 낫토[4]의 끈적끈적한 부분이

---

4 일본의 콩으로 만든 발효 식품

다. 이 물질은 글루탐산으로 인공조미료로 대표되는 아미노산 여러 개가 결합한 고분자인 **폴리글루탐산**이다. 아래 그림처럼 분자 안에 양극 부분과 음극 부분이 존재한다. 따라서 콜로이드 입자의 하전 상태와 상관없이 응집시킬 수 있다.

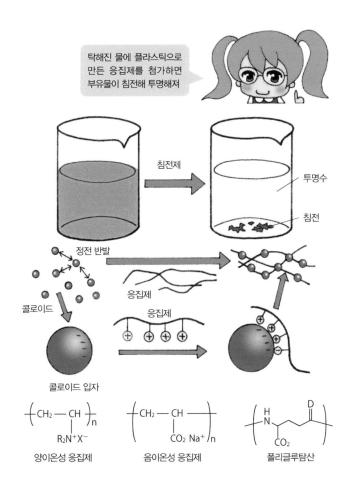

· 오염을 제거하는 유기화합물

물이나 공기의 오염을 제거하는 간단한 방법으로는 여과가 있다. 여과 시 오염을 걸러내는 부분이 **필터**다.

1 융모 처리

필터도 종류가 다양한데 물 여과 시 위력을 발휘하는 소재로는 초극세 섬유를 사용한 마이크로 **필터**가 있다. 이 필터는 초극세 섬유를 사용한 직물이며 여과한 고형물이 걸러지는 면이 융모 처리된 점이 특징이다.

이 융모 덕분에 고형물이 융모 위에 쌓여서 직물 조직 사이에 끼어 막히는 일을 방지한다. 따라서 여과 후에 반대쪽에서 정수를 흘려보내 씻어주면 간단하게 고형물을 제거할 수 있고 재사용할 수 있다.

2 중공 섬유

이 또한 주로 물을 정화할 때 사용하는 필터다. 원리는 **9-6** 및 **9-7** (p.188~191)에서 설명한 소재들과 같다.

즉 벽면에 여러 개의 작은 구멍이 있는 **중공 섬유** 속에 물을 통과시키고 중공 섬유에서 스며 나온 깨끗한 물만 모아서 사용하는 방식이다. 구멍 지름이 0.1μ까지 내려가면 세균도 걸러낼 수 있으므로 살균과 동일한 효과를 발휘한다.

3 일렉트렛 필터

일렉트렛 필터는 주로 공기용 필터이며 특징은 정전기로 먼저를 포집한다는 점이다. 원리는 **4-8**(p.82)에서 살펴본 압전성 고분자, **일렉트렛**이다.

폴리프로필렌 등을 직류 고전압 장으로 가열 및 용해한 후 늘려서 섬유로 만들면 전하를 가진 채로 섬유가 된다. 이를 직물로 짜서 필터로 만들면 섬유가 가진 정전기에 이끌려 공기 중의 먼지가 필터 표면에 부착하게 된다. 이 방법은 직물의 조직 지름보다 더 작은 지름의 고형물도 제거할 수 있다.

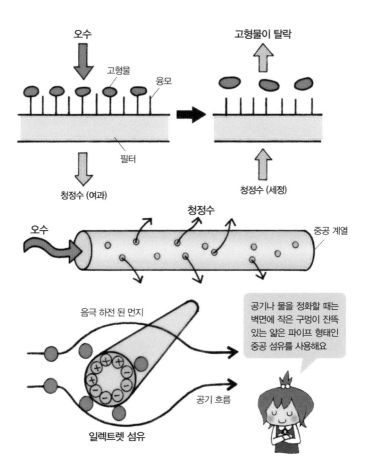

PCB를 분해하는 유기화합물: 물의 상태도 살펴보기

유해 물질 PCB(폴리염화바이페닐)의 효과적인 분해법을 발견했다.

① PCB

1968년 서일본에서 기이한 질병이 발생했다. 여드름을 짜면 검정 기름이 나오고 권태감이 몰려온다. 원인은 환자가 먹은 가네미 창고 주식회사에서 제조한 쌀겨기름에 포함된 PCB에 있음이 밝혀졌다. 가네미유증 사건이라고 불린다.

PCB는 자연계에 존재하지 않는 물질이다. 절연성이 높고 내열성 가지며 내약품성도 탁월했다. 따라서 많은 변압기에 사용되었다. 하지만 가네미유증 사건에서 유독성이 드러난 이후 제조 및 신규 사용은 금지되었다.

문제는 회수한 PCB 처리다. 열에도 약품에도 강해서 분해하기가 곤란하다. 그래서 어쩔 수 없이 분해법이 개발될 때까지 보관 중이고 지금도 여전히 보관하고 있다.

② 상태도

이러한 PCB를 분해할 효과적인 방법을 찾아냈다. 초임계 상태의 물을 사용하는 방법이다.

초임계 상태란 무엇일까? 그 의문을 해소하기 위해서는 **물의 상태도**를 알아야 한다. 다음 페이지 상태도의 영역 I, II, III은 각각 얼음, 물(액체), 수증기를 나타낸다. 즉 (압력·온도)의 조합 (PT)가 영역 II에 있다면 그 조건에서 물은 액체 상태임을 뜻한다.

(PT)가 ab를 잇는 직선 위에 있을 때는 두 가지의 상태, 즉 액체와 기체가 동시에 존재함을 의미한다. 이 상태는 비등(끓음) 상태다. 실제로 1기압

의 온도를 직선 ab로 구하면 100℃가 되며 물의 끓는점과 일치한다.

점 a의 경우 얼음, 물, 수증기의 3종류가 동시에 존재하는 상태. 이는 얼음물이 끓고 있는 상태로 일상적으로는 있을 수 없지만 0.006 기압의 0.01℃에서는 발생할 수 있다.

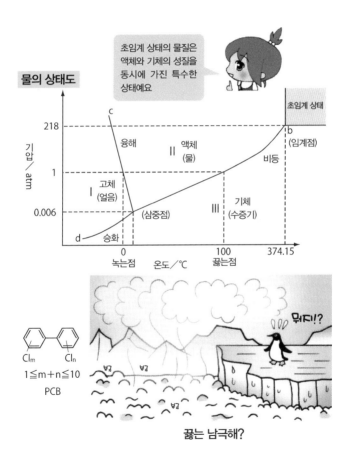

끓는 남극해?

PCB는 트랜스 오일 외에 열매체 및 인쇄 잉크, 복사지의 마이크로캡슐 등 각종 용도로 사용되던 다기능 물질이었다. 이런 물질이 초임계수라는 특수 상태의 물로 분해된다는 것 또한 어떠한 특별한 느낌을 준다.

1 임계점

앞 챕터의 물의 상태도를 보면 직선 ab는 물(액체)이 기체가 되기 위해서는 반드시 비등 상태를 지나야만 한다는 사실을 나타낸다. 그런데 상태도의 직선 ab는 점 b에서 더 이상 이어지지 않는다. 그 이유는 무엇일까?

그 이유는 말 그대로 직선 ab는 점 b에서 끝나기 때문이다. 그 뒤에 존재하는 상태는 없다. 그래서 점 b를 **임계점**이라고 한다. 그렇다면 임계점 이후 상태에서 물이 수증기가 될 때 비등은 일어나지 않을까? 하는 의문이 생길 수 있다. 정답은 '그렇다'이다.

2 초임계 상태

임계점 이후의 회색 음영 처리한 영역을 **초임계 상태**라고 한다. 초임계 상태에서는 액체와 기체의 구분이 사라진다. 물은 액체의 밀도와 점도를 가지며 기체처럼 격한 분자 운동이 일어난다. 그 결과 임계 상태의 물은 일반적인 물 및 수증기와는 상당히 다른 성질을 가지게 된다.

그 대표적인 성질이 유기물을 녹인다는 점이다. 따라서 초임계수는 유기 반응 용매로 사용할 수 있다. 이는 유기 폐기물을 발생시키지 않으므로 친환경적이며 획기적인 반응법이다.

제 아무리 PCB도 이 초임계수에 과산화수소 등의 산화물을 혼합한 물질에는 분해된다는 사실을 알아냈다. 일본에는 몇만 톤에 달하는 PCB가 보관

되어 있다고 하는데 이를 모두 분해하는 데는 꽤 오랜 시간이 걸리겠지만 그 대략적인 소요 시간은 이미 계산이 끝났다고 한다.

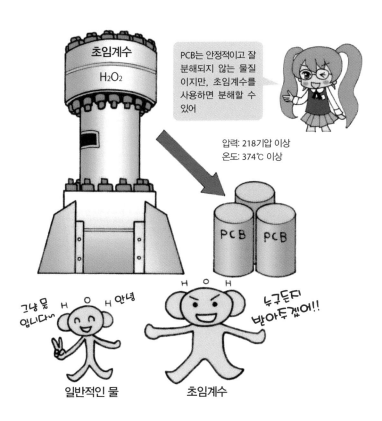

결정은 가열하면 녹는점에서 액체가 되고 계속 가열하면 끓는점에서 기체가 된다. 하지만 결정 중에서는 액체를 경유하지 않고 고체에서 바로 기체가 되는 것도 있다. 이러한 변화를 승화라고 한다.

① 승화

5-1 (p.88)에서 상태 간 변화와 그 온도의 명칭을 설명했다. 설명에 따르면 고체와 기체 사이의 상호 변화는 고체 → 기체, 기체 → 고체 둘 다 승화이며 해당 온도를 승화점이라고 부른다. 승화는 11-4 (p.225)의 물의 상태도의 직선 ad로 나타낸다.

승화는 보기 드문 현상이라고 생각하지만, 일상에서 몇 가지 사례를 찾아볼 수 있다. 가장 잘 알려진 것은 드라이아이스다. 드라이아이스는 이산화탄소 CO_2의 결정이며 승화점은 1기압에서 $-79\,°C$이므로 실온에서는 가만히 둬도 승화해 기체가 된다.

② 승화를 활용한 물건

승화 현상을 활용한 물건으로는 옷장 속에 넣는 방충제가 있다. 옛날에는 녹나무에서 채취한 장뇌(캠퍼)를 사용했지만, 2차세계대전 이후에는 나프탈렌, 최근에는 파라디클로벤젠을 사용한다. 승화의 좋은 점은 고체와 기체 상태만 존재하므로 중간에 액체가 되어서 옷장과 옷이 물에 젖을 일이 없다는 점이다.

또한 남자 화장실에 매달려 있는 소취제 구슬도 나프탈렌이 주성분이며 승화 현상으로 기체가 되면서 불쾌한 냄새를 덮어주는 원리로 작용한다.

③ 인스턴트커피

물질의 승화 여부는 압력과 온도에 달렸다. 물의 상태도의 직선 ad를 보면 기압이 낮아질수록 낮은 온도에서 승화한다. 즉 진공 상태에서는 대부분이 물질은 승화한다.

얼음도 마찬가지다. 이를 활용한 기술로 **동결 건조**가 있는데 얼음을 감압 상태에서 승화시키는 기술이다. 동결 건조는 인스턴트커피 제조 기술을 통해 일반화되었으며 현재는 인스턴트 라면의 건더기 제조 등 폭넓은 분야에 응용되고 있다.

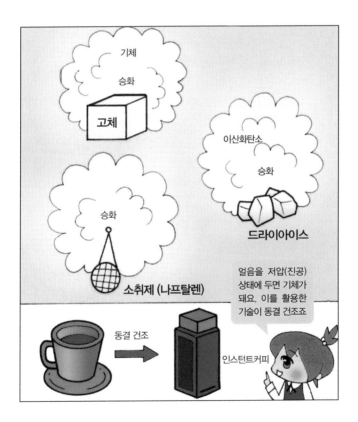

11-7 배기가스를 정화하는 촉매: 삼원 촉매

삼원 촉매는 유기물이 아닌 금속 촉매지만 이 촉매로 산화 분해되는 물질이 유기물이며 본래 화석 연료로 대표되는 유기물 연소 관련 폐기물 처리를 위한 촉매이기도 하므로 여기서 소개하겠다.

1 디젤 연료 폐기물

3-3(p.52)에서 살펴봤듯 석유는 원유로서 산출하지만, 그 속에는 다양한 성분이 들어 있다. 이에 원유를 증류해서 분리하고 각각의 끓는점에 따라 명칭을 붙여 구분해서 부른다.

디젤 엔진을 사용한 디젤차는 원유 중에서 경유(디젤 연료)를 사용하는데 경유는 탄화수소뿐 아니라 질소화합물 등 여러 성분이 혼합되어 있다. 따라서 이를 연소한 후의 배기가스 속에도 여러 유해 성분이 포함되어 있다. 대표적으로는 타고 남은 탄화수소 CH, 일산화탄소 CO, 질소산화물 NO_x이다. 이런 물질을 한 번에 무해 물질로 만들어 버리는 것이 삼원 촉매다.

2 삼원 촉매의 문제점

삼원 촉매는 3종류의 금속을 사용한다. 로듐, 팔라듐, 백금이다. 다만 이들 금속은 모두 귀금속이어서 가격이 매우 비싸다. 그래도 구매라도 할 수 있을 때는 그나마 괜찮다.

로듐, 팔라듐, 백금은 심지어 희소 금속이다. 희소 금속은 매장량이 많지 않으면서 매장량이 편중된 금속을 말한다. 백금은 전 세계 총산출량의 70%를 남아프리카의 한 나라에서 산출한다.

만약 남아프리카가 수출을 중단하면 삼원 촉매의 가격은 천정부지로 솟을 것이다. 게다가 백금은 곧 대량으로 수요가 늘어날 연료 전지에 꼭 필요한 촉매다. 대체 촉매 개발이 시급하다고 말하는 이유다.

삼원 촉매는 배기가스에 포함된 일산화탄소 및 탄화수소, NOx를 제거해

$$CH \longrightarrow CO_2 + H_2O$$
$$CO \longrightarrow CO_2$$
$$NOx \longrightarrow N_2 + O_2$$

} 삼원 촉매

희귀금속(화학 용어) 8종

금 Au, 은 Ag, 백금 Pt, 팔라듐 Pd, 로듐 Rh, 이리듐 Ir, 루테늄 Ru, 오스뮴 Os

소재로서 튼튼하다는 점은 장점이지만 튼튼하다고 무조건 좋은 것은 아니다. 환경에 방치된 플라스틱은 몇 년이 지나도 분해되지 않아 문제가 된다. 바다에 버려진 비닐을 해파리로 착각해 거북이가 먹었다거나 해저에 버려진 낚싯바늘에 걸려서 물질하던 해녀가 물에 빠질 뻔했다는 이야기도 있다. 플라스틱은 중요한 탄소원이므로 회수해서 재활용하는 것도 중요하지만 자연계에서 분해되는 고분자를 만들려는 시도도 있다.

① 생분해성 고분자

미생물로 분해되도록 고안한 고분자를 생분해성 고분자라고 한다.

대표적으로는 글리콜산 고분자인 폴리글리콜산이다. 이 물질은 미생물이 없어도 35℃의 생리식염수에 넣어두면 2주 만에 절반이 분해되어 있다(반감기=2주). 이를 수술용 봉합사로 사용하면 체내에서 분해 흡수되어 굳이 제거하지 않아도 된다.

폴리글리콜산의 수소 1개를 메틸기로 치환한 폴리젖산의 경우 반감기가 늘어나 반년이다. 폴리젖산은 용기 등 일반적인 플라스틱과 동일한 용도로 사용할 수 있다.

② 미생물 유래 고분자

전분 및 셀룰로스, 단백질 등 자연계에는 다양한 고분자가 존재한다. 물론 이들은 생물이 만들어 낸 고분자이며 환경에 방치하면 다시 생물을 통해 분해된다.

미생물도 고분자를 생산하기도 한다. 수소 산화 세균이나 남조류 등은 체내에서 3-하이드록시뷰티르산 고분자 등 폴리에스터를 생산한다. 이를 추출 및 생성해 소재로 활용할 수 있고 자연 속에 방치하면 다시 미생물을 통해 분해된다.

HO—CH₂—COOH   ⟶   H—(O—CH₂—C(=O))ₙ—OH
글리콜산   폴리글리콜산

글리콜산 → 폴리글리콜산
젖산 → 폴리젖산
3-하이드록시뷰티르산 → 폴리-3-하이드록시뷰티르산

생분해성 고분자는 자연 속 세균으로 분해되는 플라스틱이야

미생물

11-9 · 토목 공사에 도움을 주는 유기화합물

환경 정비는 화학적 방법만 있지 않다. 토목 공사도 환경 정비 방법의 하나이다. 물론 이 분야에서도 유기 화학 물질이 활약한다.

① 콘크리트

콘크리트는 시멘트에 모래나 자갈을 섞어 물로 반죽해서 굳힌 물질이다. 시멘트는 석회암 등을 분쇄해 소각 탈수 후 분말로 만든 것이다. 여기에 물을 첨가하면 물이 결정수처럼 시멘트 분자 사이에 들어가 수소 결합을 통해 분자를 결합해 여러분이 잘 아는 견고한 고체인 콘크리트가 완성된다.

콘크리트는 일반적으로 내부에 철근을 심어 콘크리트의 단점인 장력 강도를 보완한다. 철근은 콘크리트로 둘러싸여 있으므로 콘크리트 염기의 보호를 받아 녹슬지 않는다. 하지만 콘크리트에 균열이 생기면 그 틈을 통해 산소가 들어가며 더욱이 외부와 맞닿아 있는 경우라면 산성비가 스며든다.

결국 철근에 녹이 슬고 녹 때문에 체적이 팽창한다. 그러면 콘크리트의 균열이 더욱 커지는 악순환이 이어지며 콘크리트는 파괴되고 만다.

② 누수 방지 콘크리트

누수 방지 콘크리트는 이러한 콘크리트의 균열을 방지할 목적으로 개발된 콘크리트다. 누수 방지 시멘트에 모래와 물만 섞어 반죽한 회반죽을 농지 경수로 콘크리트 위에 덧바르면 균열이 생기지 않아 수로에서 물이 새지 않게 된다. 따라서 일반적으로 누수 방지 콘크리트라고 부른다.

이 콘크리트의 비밀은 시멘트 그 자체가 아니라 시멘트에 섞는 고분자가루에 있다. 이 고분자는 시멘트와 모래 및 자갈 사이를 풀처럼 메워서 균열을 방지한다. 그뿐 아니라 이미 균열이 생긴 콘크리트에 채워 넣으면 산소 및 산성비 침입을 막아 균열이 더욱 커지는 것을 막아준다.

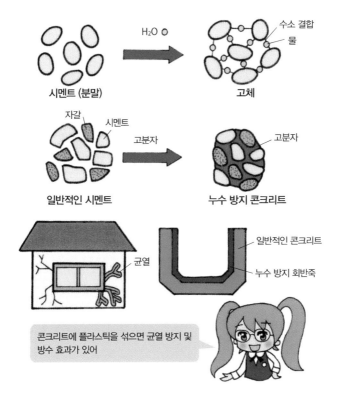

〈주요 참고 도서〉

花形康正, 『暮らしの中の面白科学』 サイエンス・アイ新書, 2006.

山崎義一, 『繊維のふしぎと面白科学』 サイエンス・アイ新書, 2007.

澤田和弘, 『図解でわかるプラスチック』 サイエンス・アイ新書, 2008.

近江谷克裕, 『発光生物のふしぎ』 サイエンス・アイ新書, 2009.

外崎肇一・越中矢佳子, 『マンガでわかる香りとフェロモンの疑問50』 サイエンス・アイ新書, 2009.

齋藤勝裕, 『超分子化学の基礎』 化学同人, 2001.

齋藤勝裕, 『目で見る機能性有機化学』 講談社, 2002.

齋藤勝裕, 『分子膜ってなんだろう—シャボン玉から細胞膜まで』 裳華房, 2003.

齋藤勝裕, 『図解雑学 超分子と高分子』 ナツメ社, 2006.

齋藤勝裕, 『図解雑学 有機ELと最新ディスプレイ技術』 ナツメ社, 2009.

齋藤勝裕, 『入門ビジュアル・テクノロジー よくわかる太陽電池』 日本実業出版社, 2009.

齋藤勝裕, 『光と色彩の科学』 講談社, 2010.

齋藤勝裕, 『毒と薬のひみつ』 サイエンス・アイ新書, 2008.

齋藤勝裕, 『知っておきたい有害物質の疑問100』 サイエンス・アイ新書, 2010.

齋藤勝裕, 『知っておきたい太陽電池の基礎知識』 サイエンス・アイ新書, 2010.

齋藤勝裕, 『知っておきたいエネルギーの基礎知識』 サイエンス・アイ新書, 2010.

하루 한 권, 유기화합물

초판 1쇄 발행 2023년 12월 29일
초판 2쇄 발행 2024년 07월 05일

지은이 사이토 가쓰히로
옮긴이 신재은
발행인 채종준

출판총괄 박능원
국제업무 채보라
책임편집 박민지 · 김민정
마케팅 조희진
전자책 정담자리

브랜드 드루
주소 경기도 파주시 회동길 230 (문발동)
투고문의 ksibook13@kstudy.com

발행처 한국학술정보(주)
출판신고 2003년 9월 25일 제 406-2003-000012호
인쇄 북토리

ISBN 979-11-6983-821-4 04400
      979-11-6983-178-9 (세트)

드루는 한국학술정보(주)의 지식 · 교양도서 출판 브랜드입니다.
세상의 모든 지식을 두루두루 모아 독자에게 내보인다는 뜻을 담았습니다.
지적인 호기심을 해결하고 생각에 깊이를 더할 수 있도록, 보다 가치 있는 책을 만들고자 합니다.